Dr. Bhupal Patil

UM ESTUDO GEOGRÁFICO DOS PADRÕES DE IRRIGAÇÃO NO DISTRITO DE SOLAPUR

Dr. Bhupal Patil

UM ESTUDO GEOGRÁFICO DOS PADRÕES DE IRRIGAÇÃO NO DISTRITO DE SOLAPUR

ScienciaScripts

Imprint

Any brand names and product names mentioned in this book are subject to trademark, brand or patent protection and are trademarks or registered trademarks of their respective holders. The use of brand names, product names, common names, trade names, product descriptions etc. even without a particular marking in this work is in no way to be construed to mean that such names may be regarded as unrestricted in respect of trademark and brand protection legislation and could thus be used by anyone.

Cover image: www.ingimage.com

This book is a translation from the original published under ISBN 978-620-7-84162-2.

Publisher:
Sciencia Scripts
is a trademark of
Dodo Books Indian Ocean Ltd. and OmniScriptum S.R.L publishing group

120 High Road, East Finchley, London, N2 9ED, United Kingdom
Str. Armeneasca 28/1, office 1, Chisinau MD-2012, Republic of Moldova, Europe
Printed at: see last page
ISBN: 978-620-7-93978-7

UM ESTUDO GEOGRÁFICO DOS PADRÕES DE IRRIGAÇÃO NO DISTRITO DE SOLAPUR

Dr. B. D. Patil

Prefácio

A intrincada relação entre as práticas de irrigação tem sido, desde há muito, um ponto focal para geógrafos, agrónomos e decisores políticos. Este estudo procura aprofundar esta relação no contexto específico do distrito de Solapur em Maharashtra, Índia.

Solapur, com as suas diversas condições climáticas e topografia variada, apresenta um caso único para examinar os impactos da irrigação nas práticas agrícolas. Historicamente, o distrito tem enfrentado desafios significativos relacionados com a escassez de água, que influenciaram profundamente a sua produção agrícola e a dinâmica do uso do solo. Este livro tem como objetivo fornecer uma análise abrangente da forma como os sistemas de rega foram implementados e adaptados ao longo do tempo e os seus consequentes efeitos na paisagem agrícola.

O estudo baseia-se num extenso trabalho de campo, combinando a análise de dados quantitativos com conhecimentos qualitativos de agricultores locais, autoridades de gestão da água e peritos agrícolas. Ao empregar uma abordagem multidisciplinar, este livro não só mapeia a distribuição espacial da infraestrutura de irrigação como também explora as suas ramificações socioeconómicas para a população rural de Solapur.

Os principais temas abordados neste livro incluem a evolução das práticas de irrigação, o papel das políticas e iniciativas governamentais, o impacto da irrigação na diversidade e produtividade das culturas e os desafios colocados pela variabilidade climática. Além disso, este livro destaca as estratégias inovadoras adoptadas pelos agricultores para fazer face à escassez de água e manter a produtividade agrícola.

Espero que este livro sirva como um recurso valioso para investigadores, estudantes, decisores políticos e profissionais nos domínios da geografia, agricultura e desenvolvimento rural. Ao lançar luz sobre as intrincadas ligações entre a irrigação e o sector agrícola, este livro pretende contribuir para o discurso mais amplo sobre práticas agrícolas sustentáveis e gestão dos recursos hídricos.

Gostaria de expressar a minha gratidão a todos os que contribuíram para este estudo, em particular os agricultores e as comunidades locais do distrito de Solapur, cuja cooperação e conhecimentos foram inestimáveis. Um agradecimento especial é também devido às instituições académicas e de investigação que forneceram apoio e recursos ao longo deste percurso de investigação.

Que este trabalho possa inspirar mais investigação e tomada de decisões informadas no sentido de alcançar sistemas agrícolas sustentáveis e resilientes em Solapur e não só.

Dr. B. D. Patil

Capítulo n.º -1

Introdução

1.   O problema

2.   Seleção da região

3.   Seleção do tema

4.   Objectivos

5.   Base de dados

6.   Metodologia

7.   Revisão da literatura

8.   Organização do trabalho

     Referências

Introdução

A base económica do país depende da agricultura. Para aumentar o rendimento agrícola, não se deve depender apenas da precipitação. Um abastecimento de água adequado satisfaria as necessidades. A água é um elemento importante para aumentar a produção agrícola. A aplicação natural ou artificial de água no solo para fins de humidade e a aplicação atempada de água para o crescimento e produção de plantas dependem em grande medida da implementação de vários projectos de irrigação. A água é um recurso básico na terra para todos os organismos vivos, incluindo a humanidade, e para o desenvolvimento e sobrevivência da comunidade vegetal. O processo ambiental da biosfera também é regulado pela água. Normalmente, as águas subterrâneas e superficiais são utilizadas para a irrigação e quando a água disponível nestas fontes é retirada artificialmente através do seu fluxo para fornecer a quantidade de água necessária às culturas, chama-se a isso irrigação. A irrigação é um fator de produção primário para a produção agrícola. Se uma área for dotada de água de irrigação, o sector agrícola é afetado positivamente. Se não houver um abastecimento adequado de água, a utilização de fertilizantes, sementes, pesticidas, etc. não será útil para o rendimento.

A Índia é basicamente um país orientado para a agricultura e o papel da agricultura é vasto, uma vez que é a empresa mais importante da economia indiana. A agricultura é um termo amplo que engloba todos os aspectos da produção vegetal, da pecuária, da pesca e da silvicultura. O desempenho da agricultura desempenha um papel importante no progresso da economia. Contribui para a realização dos objectivos de desenvolvimento de erradicação da pobreza e de modernização da sociedade. O sector agrícola é a espinha dorsal do desenvolvimento do país e a linha de vida de 70% da população que ainda depende da agricultura para viver. A agricultura fornece alimentos a milhões de pessoas e matérias-primas às nossas indústrias. O desenvolvimento da agricultura parece ser a chave do progresso da nossa economia como um todo. A agricultura atual, tanto na Índia como noutros países, evoluiu ao longo dos tempos. A agricultura na Índia tem sido praticada de forma tradicional há muito tempo, dificilmente utilizando as técnicas modernas das regiões desenvolvidas. No entanto, durante as últimas três décadas, foi dada especial atenção à modernização da agricultura com a adoção de instalações de irrigação. A Índia começou a marchar nesta direção, sobretudo a partir do segundo plano quinquenal. A nova tecnologia foi adoptada através da revolução verde, o que levou a um aumento da produção alimentar. Assim, a nova cultura e o seu sucesso estão intimamente ligados ao desenvolvimento da irrigação.

A irrigação é um fornecimento artificial de água à terra para o cultivo de culturas e para aumentar o rendimento por hectare. A irrigação é necessária especialmente numa zona de precipitação incerta. É essencial uma aplicação artificial de água para superar as deficiências da precipitação para o cultivo de culturas (Contor, 1967). A irrigação é um dos factores de produção indispensáveis para a transformação da agricultura. No entanto, é reconhecida como uma necessidade dos agricultores nas regiões áridas e semi-áridas para manter uma elevada produtividade das culturas e para cultivar cada vez mais terras. A necessidade de irrigação é maior nas regiões onde a precipitação é sazonal e não está assegurada. Além disso, é um agente vital para as plantas, pelo que o abastecimento artificial de água se tornou essencial. Outros factores de produção, como os fertilizantes e as medidas de proteção das plantas, dificilmente são eficazes sem irrigação suplementar para atenuar o stress hídrico. Por conseguinte, há necessidade de desenvolver os recursos hídricos, a criação de instalações de irrigação é, no entanto, apenas o meio para acabar com a sua utilização eficaz para a produção de culturas. A irrigação desempenha um papel vital na satisfação da procura crescente de alimentos e forragens para a crescente população humana e animal; além disso, é uma prática antiga da civilização antiga concebida para reduzir a deficiência de humidade. O investimento na irrigação traz múltiplos benefícios, tais como a impossibilidade de o agricultor efetuar duas ou três colheitas por ano.

A irrigação é um pré-requisito para a adoção da nova tecnologia na utilização de terras cultiváveis. A terra cultivada é a área regularmente lavrada e inclui tanto a lavoura (área cultivada líquida) como as terras seguintes. A irrigação conduz a uma melhor utilização produtiva das terras cultivadas. Para ser bem sucedida e bem desenvolvida, a agricultura requer o fornecimento de água a intervalos regulares e nas quantidades necessárias. A transformação depende parcial ou totalmente da natureza e do modo de irrigação; por conseguinte, é considerada como uma parte integrante da infraestrutura sólida da agricultura.

A irrigação é uma variável importante para afetar a agricultura. A presente investigação visa estudar o efeito da irrigação na utilização dos solos agrícolas no distrito de Solapur, o efeito da irrigação na utilização dos solos, no padrão de cultivo e na produção das culturas. O principal objetivo do estudo é descobrir o efeito da irrigação no padrão de utilização dos solos agrícolas no distrito de Solapur. O distrito de Solapur situa-se numa zona de sombra de chuva no oeste de Maharashtra. Esta região recebe uma precipitação global em períodos curtos, pelo que a necessidade de projectos de irrigação é importante para o desenvolvimento e a produtividade da agricultura. Por conseguinte, as instalações de irrigação são muito mais importantes no distrito de Solapur.

1.2   Seleção da região de estudo e   do tema

A Índia é uma nação predominantemente agrícola e o estado de Maharashtra ocupa uma posição importante, ocupando o terceiro lugar em termos de área e o segundo em termos de população. O distrito de Solapur ocupa também uma posição significativa em termos de superfície e de população. O distrito de Solapur contribui com uma parte considerável da população e da produção económica no que diz respeito à economia do Estado. A seleção da região de estudo objeto de investigação visa analisar o estudo geográfico da irrigação no padrão de utilização dos solos no distrito de Solapur. O estudo abrange as fontes de irrigação e o desenvolvimento da irrigação na região de estudo. O enquadramento geográfico e os factores ecológicos deram-lhe o seu cunho. A região selecionada para o inventário do problema é a região do planalto em geral. Está localizada numa zona do estado de Maharashtra propensa à seca. É por isso que a irrigação é um fator dominante que desempenha um papel importante nos padrões de cultivo, na intensidade das culturas, na produtividade das culturas, na transformação da agricultura, etc.

A escolha do tema a investigar foi analisada com base em muitas considerações. Para a análise geográfica da irrigação, o distrito de Solapur foi selecionado como região de estudo. O investigador é motivado por muitos factores ao selecionar a irrigação, nomeadamente as fontes de irrigação, o modo de irrigação, a área irrigada por cultura e o impacto da irrigação na agricultura. O tema selecionado para a região de estudo tem as seguintes considerações -

A. O presente estudo aborda as perspectivas geográficas da irrigação no distrito de Solapur. A sua extensão latitudinal situa-se entre 17°05' de latitudes norte e 18° 32' de latitudes norte e 74° 42' de longitudes leste e 76° 15' de longitudes leste. A área geográfica total do distrito de Solapur é de 14878 quilómetros quadrados. A extensão Este-Oeste do distrito de Solapur é de 153 km e a extensão Norte-Sul é de

96 km. A população do distrito, de acordo com o censo de 2011, é de 43.15.527 habitantes.

B. A agricultura é a atividade mais dominante no distrito de Solapur. A economia do distrito depende principalmente da agricultura, como o comprova o facto de os cultivadores (595439) e os trabalhadores agrícolas (500977) constituírem, em conjunto, 62,90% do total de trabalhadores na região de estudo.

C. Todos os onze tehsils do distrito de Solapur são constituídos por zonas secas pelo comité Sukhatankar.

D. O solo, a topografia, a pluviosidade e o clima no distrito de Solapur não são, em geral, muito favoráveis à agricultura. O resultado é um rendimento relativamente baixo das culturas importantes na zona de estudo, em comparação com outros distritos do estado de Maharashtra.

E. A percentagem da área irrigada líquida em relação à área cultivada bruta na região de estudo é de apenas 6,20%, em comparação com 22,09% para o estado como um todo em 2004-05.

F. A agricultura na área de estudo é, portanto, largamente dependente da monção. O investimento em sistemas de irrigação tem um impacto favorável na produção e na produtividade das culturas, pelo que é necessário avaliar o desenvolvimento da irrigação e o seu papel no desenvolvimento agrícola.

G. A irrigação desempenhou um papel importante na transformação da paisagem agrícola em geral e da irrigação em particular, bem como na vida das populações rurais da região de estudo.

H. O investigador, que nasceu e cresceu na região de estudo, ou seja, no distrito de Solapur, conhece e está bem familiarizado com o ambiente geográfico da zona. Por isso, é útil na realização do trabalho de campo e na recolha de dados necessários para o objetivo do estudo.

I. O trabalho "A Geographical Study of Irrigation on Agriculture Land use in the Solapur District" (Estudo geográfico da irrigação na utilização de terrenos agrícolas no distrito de Solapur) ainda não foi tentado por nenhum outro geógrafo e este tipo de trabalho pode ser útil para a preparação e implementação de esquemas de desenvolvimento relativos à irrigação e à agricultura. Por conseguinte, o investigador seleccionou esta região e este tema para efeitos de investigação geográfica.

1.   3Objectivos

O objetivo deste estudo é avaliar o impacto da irrigação no padrão de utilização das terras agrícolas no distrito de Solapur. Este livro pode ser realizado através da análise dos seguintes sub-objectivos;

i) Examinar as condições físicas e socioeconómicas do distrito de Solapur.

ii) Estudar as disparidades de nível na irrigação e no padrão de cultivo.

iii) Estudar as fontes de irrigação naturais e artificiais na região de estudo.

iv) Avaliar a irrigação e o padrão de cultivo na área de estudo.

v) Propor sugestões para um melhor planeamento da irrigação.

1.4 Bases de dados

O presente estudo baseia-se principalmente em dados primários recolhidos através de um inquérito por amostragem e de entrevistas pessoais. É feita uma utilização limitada de dados secundários. Para efeitos de inquérito, é utilizado um método de amostragem sistemático e intencional, tal como se descreve a seguir. Os dados recolhidos através de fontes primárias e secundárias são processados e representados por técnicas estatísticas e cartográficas.

1.4. A. Recolha dos dados primários

Este livro baseia-se principalmente no trabalho de campo para obter os dados primários necessários dos inquiridos, que são recolhidos através da utilização de calendários processados. Tanto os calendários como as técnicas de entrevista são utilizados principalmente para a recolha de factos relativos à situação de irrigação dos agricultores. Os calendários foram preenchidos no local do inquérito. A entrevista e a discussão com os agricultores foram tentadas durante as visitas ao terreno. Devido a esta discussão pessoal, foram fornecidas pistas sobre as questões vitais envolvidas e revelada alguma da informação que não podia ser coberta nos calendários estruturais utilizados para os agricultores.

1.4. B. Recolha de dados secundários

Inclui relatórios e resumos publicados e não publicados, tais como a análise socioeconómica e o resumo estatístico distrital. Os dados para efeitos de análise foram recolhidos de várias fontes publicadas pelo governo e de relatórios elaborados pelo Departamento de Agricultura e pelo Departamento Distrital de Estatística de Solapur, pelo Centro de Investigação sobre Agricultura em Terras Secas de Solapur, por dados de 1991 e 2001 e pelo Departamento de Irrigação do Distrito de Solapur. Os dados foram também recolhidos em livros de referência de autores eminentes, relatórios publicados de vários estudos e revistas. Estas fontes foram utilizadas como fontes adicionais.

O gabinete do gram panchayat na aldeia e os gabinetes dos talathies forneceram informações sobre a distribuição das culturas, a posse de terras, os poços de irrigação, a utilização geral das terras, etc. Os dados relativos a alguns tipos de irrigação foram recolhidos no departamento de engenharia de irrigação, no gabinete da Zilla Parishad em Solapur.

1.5 Metodologia

Trata-se de um estudo sobre uma parte do distrito de Solapur, em Maharashtra. A seleção da região foi feita em duas fases. Inicialmente, o distrito de Solapur foi selecionado para o estudo, uma vez que a utilização das terras agrícolas mudou durante o período de investigação (1971-2005) devido à alteração da irrigação do distrito e à atitude dos agricultores. Entre as várias fontes de irrigação, são estudadas no distrito de Solapur o poço, o poço tubular, a barragem, o grande projeto de irrigação, o projeto de irrigação médio, o projeto de irrigação menor, o tanque de percolação, a barragem de açude K.T., o canal e a irrigação por elevação. Para estes, a intensidade da irrigação, o índice de intensidade da irrigação, etc. são calculados utilizando técnicas estatísticas para analisar o desenvolvimento da irrigação.

Na segunda fase, a irrigação foi selecionada para o estudo a nível micro. Para o presente inquérito, o distrito de Solapur foi selecionado em geral e todos os tehsils em particular. Por conseguinte, o tehsil foi a unidade aérea para a análise regional e a aldeia e a parcela foram escolhidas para a análise a nível micro. Após a realização do inquérito no terreno, os agricultores de cada zona foram agrupados de acordo com várias componentes da irrigação (área, fontes de irrigação, modo de irrigação, período de irrigação, utilização das terras pelos agricultores, etc.), a fim de se conhecer a situação real da irrigação no distrito de Solapur e os problemas relacionados com a irrigação.

As fontes primárias e secundárias foram processadas e representadas através de técnicas estatísticas e cartográficas. Os vários métodos e técnicas utilizados são explicados na secção correspondente do texto. Os vários sítios Web da Internet são utilizados como excelentes fontes de referência. Para a elaboração de gráficos e figuras, foram utilizados os programas Map Info, Coral Draw e Microsoft Office 2003 e 2007.

1.6 Revisão da literatura

O conhecimento do trabalho de investigação realizado no passado relacionado com o problema de investigação é necessário e útil para avançar na direção certa. O investigador poderá melhorar os estudos existentes e alargar o horizonte de investigação. A revisão também pode ajudar a refutar os conceitos e as afirmações feitas em estudos anteriores, bem como a apoiar as conclusões do presente estudo, seguindo académicos estrangeiros e indianos que contribuíram e realizaram o estudo relacionado com a fruticultura na Índia.

Gottumuikkala Anda (2010): Ele analisou a tecnologia de micro irrigação no rendimento, salinidade e quantificação de nitrato em águas subterrâneas no distrito de Rangareddi de Andhra Pradesh. Ele avalia as fontes de irrigação e o impacto da irrigação por gotejamento no rendimento das culturas, fornecimento de energia, economia de fertilizantes, análise de custo-benefício, etc. Ele também estuda as vantagens e desvantagens da irrigação por gotejamento no desenvolvimento da agricultura.

K.S. Mony (1995): Ele discutiu a "economia da irrigação; um estudo de caso dos projectos de irrigação de Kuttiadi". No seu estudo, descreveu o impacto da irrigação no padrão de cultivo, intensidade de cultivo e tecnologia moderna. Estudou também o impacto da irrigação na produção e nas oportunidades de emprego. Afirmou que o impacto da irrigação no custo dos factores de produção e na estrutura do rendimento.

 Kadam N. B. (2009): Estudou o papel da irrigação no desenvolvimento da agricultura no distrito de Yavatmal. Discutiu o modo de irrigação, o papel da irrigação e o desenvolvimento da agricultura. Também estudou o papel da irrigação no desenvolvimento socioeconómico.

Khadse Namdeo Hiraman (2006): Estudou a cartografia das categorias de declive para utilização dos solos e agricultura nos distritos de Wasim e Akola, Maharashtra. Explicou também muitos declives geomórficos, hidrológicos e petrológicos. Também categorizou a área de cobertura das classes de declive em Akola e no distrito de Washim. O declive divide-se em terreno plano. Terrenos quase planos, terrenos com declives muito suaves, terrenos com declives suaves, terrenos com declives moderadamente suaves, terrenos com declives muito suaves, terrenos com declives moderadamente acentuados, terrenos com declives acentuados, terrenos com declives muito acentuados e terrenos com declives verticais a precipitados.

M.V. Reddy e N.B.K Reddy (1992): Discutiram a mudança do padrão de irrigação em Andhra Pradesh. Explicaram também que a irrigação é um fator decisivo na agricultura indiana devido à elevada variabilidade e inadequação da precipitação. A irrigação é imperativa para o êxito da agricultura, em especial nas zonas áridas, semi-áridas e sub-húmidas, que são propensas a condições de seca e fome devido a falhas parciais e atrasos ou a uma antecipação das monções. A zona de estudo de Andhra Pradesh tem uma área substancial de clima semi-árido; a agricultura é uma aposta com as monções.

Mankar Ganesh (2008) estudou o padrão de utilização das terras agrícolas em Mulshi tehsil do distrito de Pune. Neste artigo de investigação, foi feita uma tentativa de analisar o padrão de utilização das terras agrícolas a nível micro em Mulshi tehsil. Também calculou a classificação das culturas, a análise da combinação de culturas, etc.

Moorthi T.V. e Mellor W.J. (1972), num estudo sobre "Cropping Pattern Yields and Income under Different Sources of Irrigation with Special Reference to IADP, Aligarh District, Uttar Pradesh", concluíram que os agricultores com poços tubulares privados controlavam melhor o abastecimento de água em termos de disponibilidade atempada e em quantidade adequada. Este facto resultou numa maior intensidade de cultivo, rendimento, maior rendimento das culturas e cultivo de culturas de elevado rendimento nessas explorações. Este facto foi atribuído aos factores de flexibilidade em termos de quantidade e tempo disponíveis nessas explorações.

More K.S. (1980): O padrão de utilização das terras no distrito de Kolhapur foi estudado por More K.S. Segundo ele, os factores tecnológicos afectam largamente o padrão de cultivo. Calculou a organização espacial da agricultura no distrito de Kolhapur com base em seis aldeias do distrito de Kolhapur. No seu estudo, mediu o desenvolvimento da agricultura no distrito de Kolhapur.

Nandani Chatterjee (1995) estudou a agricultura de regadio: um estudo de caso de Bengala Ocidental; o autor recolheu dados oficiais e de inquéritos no terreno. Os principais objectivos dos estudos eram: (i) destacar os problemas básicos que tornaram a irrigação uma necessidade; (ii) avaliar o contexto físico da irrigação através de uma avaliação pormenorizada dos recursos hídricos superficiais e subterrâneos, bem como a sua influência nos tipos de irrigação no Estado; (iii) avaliar o impacto da irrigação na utilização dos solos, na intensidade das culturas, nos padrões de cultivo, bem como na eficiência agrícola, através de uma análise a nível macro e micro.

Narendra Kumar I. e Chandrasekar Rao G. (2007) analisaram o facto de a irrigação reduzir o risco e a incerteza inerentes às culturas de sequeiro. A irrigação tem um impacto estabilizador na agricultura e gera emprego agrícola através de níveis mais elevados de intensidade de cultivo, da adoção de novas estratégias agrícolas, do crescimento de culturas de elevado rendimento e de culturas múltiplas. O seu estudo diz respeito ao distrito de Kurnool, em Andra Pradesh, com o objetivo de avaliar o impacto das fontes de irrigação do canal e dos poços perfurados na produção agrícola e na criação de emprego em culturas como o arroz e o algodão.

R.P.Yadhav (2007): O autor analisou de forma muito sistemática o "Impacto do esgotamento das águas subterrâneas nas condições socioeconómicas no sudoeste de Haryana, um estudo de caso". O documento analisa as consequências do esgotamento das águas subterrâneas na aldeia de Bhankhri (distrito de Mahendergarh) de Haryana. A aldeia está situada no semiárido de Haryana, com 570 hectares de terra, onde 65% das pessoas se dedicam à agricultura. O estudo centra-se no impacto socioeconómico da subida e descida das áreas irrigadas por poços tubulares nesta zona semi-terrestre do Estado.

Shashi Bala Singh (2008): Analisou a evolução do padrão de utilização dos solos, a eficiência da utilização dos solos e a intensidade das culturas em Sant Ravidas Nagar, Uttar Pradesh. Explicou igualmente as alterações na eficiência da utilização das terras e na intensidade das culturas no distrito de Sant Ravidas Nagar do Uttar Pradesh. O bloco de Gyanpur registou o maior aumento de 160,69% para 133% em 1981. Aurain registou a segunda maior intensidade de cultivo (155,41%), enquanto Suryawan registou a terceira posição (147,71%) em 2001.

T.Pcnchalaish e Y.V.Kamanaiah (1992): Estudaram a análise espacial da precipitação na zona propensa à seca do distrito de Cuddapah, em Andhra Pradesh. Neste estudo, tenta-se descrever a distribuição espacial da precipitação, a intensidade da precipitação, os rácios de precipitação, a variabilidade da precipitação e a frequência da precipitação no distrito de Cuddapah numa base sazonal e anual. A precipitação de 1901 a 1988 foi recolhida em nove estações pluviométricas para análise. título sobre o "Impacto da irrigação no emprego" com base num microestudo que

Todkari, G.U. (2009): Na sua tese de doutoramento intitulada "Impact of Environmental Factors on Crop Land use in Solapur District with Special reference to Grapevine Cultivation" (Impacto dos factores ambientais na utilização das terras cultivadas no distrito de Solapur, com especial referência à cultura da videira), analisou a variação espácio-temporal da cultura da uva, da economia e da comercialização de gráficos no distrito de Solapur.

Para concluir, este capítulo serve de introdução ao presente estudo dos padrões de irrigação no Distrito de Solapur. Abordou extensivamente a introdução ao estudo, o problema, a seleção da região, a seleção do tópico, os objectivos, a base de dados e a metodologia, a revisão da literatura, etc. No capítulo seguinte, foi feito um levantamento do perfil da área de estudo.

Referências:

1. Hasan M. (1999) : Systematic Agriculture Geo. Pp. 90, 92, 99, 102, 104, e 108.
2. Amanoar Boadu et al (2003): The U. S. Grape Juice industry and Agriculture marketing Resource center, Kansas state University Case study series 03-04.
3. Dan Bryat (2000): New Grapevine varieties aim at higher grower returns, Western Farm Press . Internet Avaliado www looksmart . com.
4. Kali G A (1995): Grape and Raisin marketing in India , Drakshvitra. Pp-3.
5. Khillari M C (1991): Um estudo sobre o cultivo de uvas nos distritos de Pune e Nashik. Pp-15,21,55-60.
6. Kodag V B (1998):   Study of exporting marketing of grapes and raisins in Sangli district . tese não publicada apresentada à Shivaji University. Pp- 20-25
7. Noor Mohammad (1981): Technological changes & Spatial Diffusion of Agricultural Innovations in in in Trans Ganga plain. Perspectives in Agricultural Geography, concept publishing company, New Delhi Vol. 5 Pp. 305-57.
8. Noor Mohammad (1992) : Anthropogenic correlates and determinants of Agricultural productivity, New dimensions in Agricultural Geography, Vol. 8, Concept's international series in Geography, No. 4. Pp. 139-184.
9. Parker Rick (2000) Introduction to plant science, Denmark Publisher, . International Thomson, editora, Pp. 527, 533.
10. Pawar C.T.(1988) : Problems in Irrigated Farming in India, Readings In Irrigated Farming in India, Editado pelo Dr. S.D. Shinde, P. 23.
11. Shinde Jagannath (2000) : Drakshanchi Rootstock Var Lagavad, Godawari Publication (Marathi) Nashik, Pp. 2,6-9-, 25, 28,37, & J2 - 64.
12. Shinde Jagannath (2000): Drakashanchi Rootstock Var Lagavad, Godawari Publication (Marathi) Nashik, Pp. 2.
13. Simons L. (1967) : Agricultural Geo. Londres G Bell, Pp. 70-74.

14. Sing G. (1983): Economia do cultivo de uvas em Punjab Progressive Horticulture, Pp. 6,7,32,37.

15. Singh (1974): Atlas Agrícola da Índia: A Geographical Analysis, Kurukshetra, Vishal Publication, Pp. 67.

16. Singh e Dhillon (1987): Geografia Agrícola Tata Megraw Hill, Publishing co. Ltd. Nova Deli, Pp. 110, 126, 134, 155, 158, 160.

17. Singh Jasbir (1974) An Agricultural Atlas of India : A Geographical Analysis, Vishal Publication, Kurukshetra, P. 45

18. Singh Ranjit (1969) : Fruits, Anmol Publications, Pvt. Ltd. Nova Deli.

19. Singh Sham, Krishnaruti, S. & Kathyal, S. (1967) Fruit Culture in India, India, council of Agricultural Research, New Delhi, Pp. 183, 188.

20. Singh, Amar (1990) : Fruit Physiology and production, Kalyani Publisher, New Delhi, Pp. 14-15.

21. Singh, J. & Dhillon, S.S. (1984): Agricultural Geo. Tata Megraw, Delhi, Pp. 76, 100, 247.

Capítulo - II
Perfil da zona de estudo

2.1.	Introdução
2.2.	Antecedentes históricos
2.3.	Localização, situação e sítio
2.4.	Unidades administrativas
2.5.	Estrutura física
2.6.	Drenagem
2.7.	Solo
2.8.	Clima
2.9.	Vegetação natural
2.10.	Transportes e comunicações
2.11.	Situação demográfica
2.12.	Dimensão da propriedade
2.13.	Utensílios agrícolas
	Referências

2.1. Introdução

A agricultura é, de certa forma, o resultado dos esforços humanos aplicados na exploração dos recursos da terra com vista à satisfação de uma das necessidades básicas do homem, a alimentação. Em termos gerais, a agricultura e o seu desenvolvimento são largamente determinados por factores do ambiente físico e socioeconómico, como o relevo, o clima, a drenagem, os solos, a irrigação, a população, os transportes e as comunicações, etc. Estes factores não só influenciam a agricultura de muitas maneiras, como também determinam a extensão do risco e o desenvolvimento global da agricultura. Vários aspectos dos sistemas agrícolas são igualmente influenciados pelos factores socioeconómicos. Todos os factores físicos e socioeconómicos trabalham em conjunto e produzem resultados ou impacto no crescimento global da agricultura. No presente capítulo, foi feita uma tentativa de apresentar uma descrição física e socioeconómica da área de estudo com referência à utilização das terras agrícolas.

2.2. Antecedentes históricos

Historicamente, Solapur é uma cidade importante. Acredita-se que Solapur deriva de duas palavras: "sola" significa dezasseis e "pur" significa aldeias. A atual cidade de Solapur está distribuída por dezasseis aldeias, a saber, Adilpur, Ahamedpur, Chapaldev, Fethepur, Jamadarwadi, Kalanjapur, Khandarpur, Khanderavkiwadi, Ranapur, Sandalapur, Shaikhpur, Muhammadpur, Solapur, Sonalgi, Sonapur e Vaidkawadi. A área que atualmente constitui o distrito de Solapur fazia anteriormente parte dos distritos de Ahmednagar, Pune e Satara. O distrito de Solapur é a junção do estado de Maharashtra com o estado de Karnataka. Uma das inspirações encontradas no forte de Solapur mostra que a cidade se chamava *"Sonalapur"*, enquanto outra inspiração no poço do forte mostra que era conhecida como *"Sandalapur"*. É muito provável que, com o passar do tempo, o nome de Solapur tenha evoluído, eliminando o "na" do nome de Sonalapur.

No entanto, trabalhos de investigação recentes mostram que as inscrições de Shiva yogi Shri Siddheshwar do tempo dos Kalachuristis de Kalyani, que a cidade se chamava `Sonnalage` que veio a ser pronunciado como `Sonnalagi`. Uma inscrição em sânscrito datada de Shake 1238 (Shalivan Calinder), após a queda dos Yadavas, encontrada em Kamati, em Mohol, mostra que a cidade era conhecida como Sonalipur. Durante o período muçulmano, a cidade era conhecida como Sandalpur.

Posteriormente, os governantes britânicos pronunciaram Solapur como Sholapur e daí o nome do distrito.

A importância de Solapur é única na história da Índia, na medidaem que este distrito gozou de liberdade mesmo antes da independência. Os cidadãos de Solapur gozaram da independência durante três dias, de 9th a 11th de maio de 1930. A história resumida é a seguinte. Após a prisão de Mahatma Gandhi em maio de 1930, realizaram-se protestos e manifestações contra o domínio britânico em toda a Índia. Também em Solapur se realizaram grandes comícios e protestos. Muitos cidadãos perderam a vida nos tiroteios com a polícia. Devido a este facto, a multidão enfurecida atacou as esquadras de polícia. Por medo, a polícia e outros agentes fugiram de Solapur.

Durante este período, a responsabilidade pela lei, ordem e segurança dos cidadãos recaiu sobre os ombros dos líderes do Partido do Congresso. O então presidente do Congresso da cidade, Shri. Ramkrishna Jaju, com os seus outros congressistas, manteve a lei e a ordem durante três dias, de 9th a 11th de maio de 1930. Em segundo lugar, o Conselho Municipal de Solapur foi o primeiro Conselho Municipal da Índia a hastear a bandeira nacional no edifício do Conselho Municipal (atualmente Corporação Municipal) de Solapur em 1930.

2.3. Localização:

O distrito de Solapur é um dos distritos mais importantes do estado de Maharashtra, tanto em termos de área como de população. Situa-se inteiramente na bacia de Bhima. O distrito de Solapur situa-se entre as latitudes 17^0 10' norte e 18^0 32' norte e as longitudes 74^0 42' leste e 76^0 15' leste. O comprimento este-oeste do distrito é de cerca de 200 quilómetros e a largura norte-sul é de cerca de 150 quilómetros. A área geográfica total do distrito de Solapur é de cerca de 14895 quilómetros quadrados, com uma população de 3855383 habitantes, de acordo com o censo de 2001. Na região em estudo, Malshiras é o maior tehsil em área e o mais pequeno é o tehsil de North Solapur. O distrito de Solapur constitui, provisoriamente, 4,84% da área e 4,51% da população do Estado de Maharashtra. Por outras palavras, a região em estudo ocupa o quarto lugar em termos de área e o sétimo em termos de população entre os distritos de Maharashtra. O distrito de Solapur está bem definido a oeste e a leste pelas escarpas dos planaltos de Phaltan e Osmanabad, respetivamente. Os distritos limítrofes são Sangali a sudoeste, Satara a oeste, Pune a noroeste,

Ahamadnagar a noroeste e Osmanabad a norte e nordeste, e o distrito de Bijapur a sul e o distrito de Gulburga a leste do Estado de Karnataka.

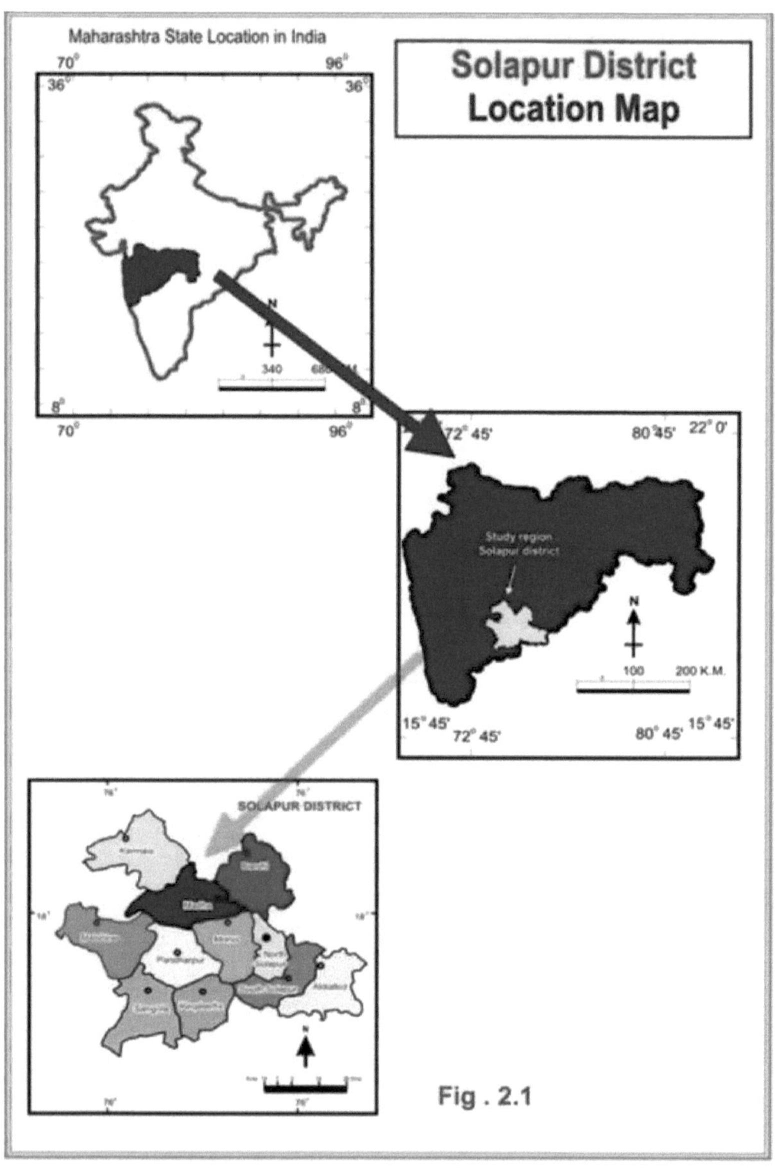

18

2.4. Unidades administrativas

O distrito de Solapur tem uma forma irregular. O comprimento médio do distrito de Solapur é de 180 km e estende-se de East Akkalkot taluka a West Malshiras taluka e, grosso modo, a largura quadrada de 100 km estende-se de Sangola taluka no Sul a Karmala taluka no Norte. A área geográfica total do distrito de Solapur é de 14895 quilómetros quadrados e cobre 4,84 % da área do estado de Maharashtra.

Quadro 2.1

Distrito de Solapur : Unidades administrativas

Sr. Não.	Tehsils	Área em Hect.	% do total
1	Karmala	159580	10.73
2	Madha	152600	10.26
3	Barshi	152250	10.23
4	N Solapur	68303	04.59
5	Mohol	131689	08.85
6	Pandharpur	129437	08.70
7	Malshiras	160801	10.80
8	Sangola	159431	10.71
9	Mangalwedha	114159	07.67
10	S Solapur	119463	08.02
11	Akkalkot	140130	09.41
	Distrito	1487843	100

Fonte: Resumo socioeconómico do distrito de Solapur em 2005.

De acordo com a área geográfica, o distrito de Solapur é o distrito com o número 5th no estado de Maharashtra. Esta área está dividida em 1,15% (170,79 km2) de área urbana e 98,85% (14724 km2) de área rural. De acordo com a área, Malshiras taluka é o maior taluka (160801 hectares) e North-Solapur é o tehsil mais pequeno (68303 hectares) do distrito de Solapur.

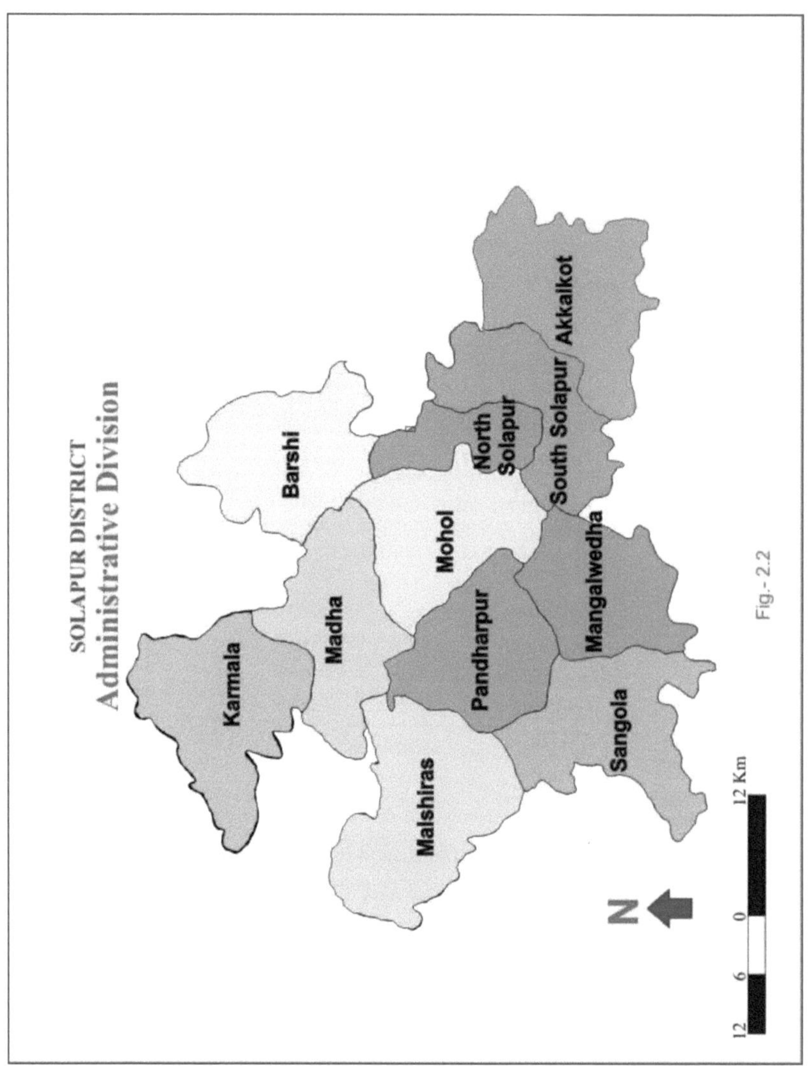

2.5. Estrutura física

A estrutura física afecta o funcionamento da agricultura de muitas formas. Afecta diretamente a utilização das terras, o crescimento e a distribuição das culturas. Influencia o cultivo da terra e a agricultura numa região ao afetar a causa das altitudes, pelo que regiões com altitudes diferentes dão origem a culturas diferentes (Singh, 1974). A região de estudo, no seu conjunto, está monotonamente coberta por fluxos de lava basáltica da armadilha Deccan. Estes fluxos de lava, devido à meteorização, dão origem a uma topografia ondulada. A região é bem definida a oeste e a leste pelas escarpas interiores da cordilheira de Phaltan e do planalto de Osmanabad, respetivamente. Não existem no distrito cadeias montanhosas proeminentes. O distrito no seu conjunto forma uma ampla bacia plana ou ondulante ocupada pelo rio Bhima, que corre a meio na direção sudeste. A região é caracterizada por uma geomorfologia típica de armadilha Deccan. Com base na configuração física, a região divide-se em três grandes divisões de relevo.

Tabela. 2.2:
Distrito de Solapur - Divisões de socorro

N.º Sr.	Divisões de socorro	Área em Sq. Km.	Percentagem da área geográfica total da região
1.	A região montanhosa	540	3.34
2.	A região do planalto	11902	80.00
3.	A região das terras baixas	2479	16.66
Distrito Total		**1487843**	**100.00**

Fonte: Compilado pelo Investigador.

1. A região montanhosa:

A região montanhosa, nas partes ocidental e sudoeste, ocupa uma área considerável com as cadeias de montanhas Mahadev e Shukracharya, cuja altura média varia entre 600 e 900 metros, e esta região também inclui a área de planalto dos tehsils de Malshiras, Sangola, Pandharpur e Mangalwedha do distrito. Na parte nordeste do distrito de Solapur, ao longo da fronteira com o distrito de Osmanabad, existe uma importante cordilheira de Balaghat, particularmente no tehsil de Barshi. A pequena cordilheira de Balaghat, nomeadamente a colina de Ramling, situa-se de noroeste a sudeste de Barshi tehsil, que forma a fronteira entre os distritos de Solapur e Osmanabad, com uma altitude entre 600 e 750 metros. A maior parte dos pequenos rios e riachos, como o Man, o Korda, o Warai, o Bhogawati, o Nagzeri e o Sina, têm origem nas cordilheiras de Balaghat e Mahadev. Encontram-se também algumas cadeias isoladas nas várias tehsils, nomeadamente na região central

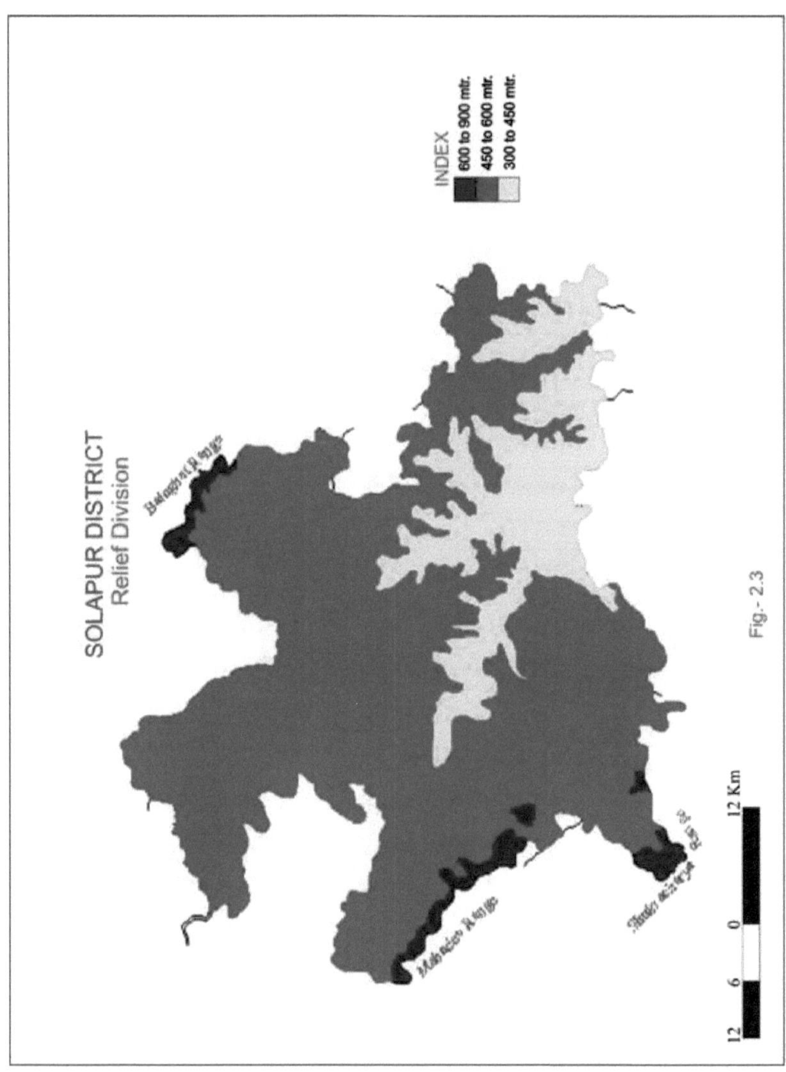

parte de Karmala e Madha tehsils, localmente estas colinas são conhecidas como Waghoba e Bodaki, respetivamente. Estas regiões montanhosas, como seria de esperar, são muito pobres do ponto de vista agrícola e, por conseguinte, os aglomerados humanos são muito escassos. Estas cadeias de montanhas ocupam cerca de 3,34% da área geográfica do distrito de Solapur. O declive desta região de estudo varia entre $3,11^0$ e $5,6^0$.

2. A região do planalto:

O planalto cobre uma área de cerca de 11 902 km2 (80 por cento) da área geográfica total da região. A altura média da região do planalto varia entre 450 e 600 metros; esta região também inclui algumas colinas individuais separadas em diferentes partes do planalto. Esta região inclui as áreas de Karmala, Madha, Barshi e Akkalkot na margem esquerda do rio Bhīma e partes dos tehsils de Malshiras, Pandharpur, Sangola e Mangalwedha na margem direita do rio Bhima. A maior parte da região do planalto no distrito de Solapur é drenada pelo rio Bhima e seus afluentes. Os solos da região do planalto são adequados e férteis para a produção de vários tipos de culturas frutícolas.

3. A região das terras baixas:

A região de planície cobre uma área de cerca de 2.479 km2 (16,66%) da área geográfica total da região. A região da planície no distrito de Solapur é ocupada pelo rio Bhima e seus afluentes. A parte central do distrito situa-se na região de planície. A região de planície encontra-se naturalmente ao longo de ambas as margens do rio Bhima e dos seus afluentes, como o rio Sina e o rio Man. Os solos da região da planície são mais férteis devido à deposição de material erodido transportado pelo rio Bhima e seus afluentes. A cidade de Solapur, sede do distrito, situa-se na fronteira entre o planalto e a região da planície. Surpreendentemente, existem poucas colinas e terras altas isoladas na região da planície, que têm uma altura superior a 550 metros acima do nível médio do mar. A altura média da região das planícies varia entre 300 e 450 metros.

2.6. Padrão de drenagem

O padrão de drenagem em qualquer área é muito importante para o estudo das operações agrícolas. Os rios como o Bhima, o Sina, o Man, o Nira, o Bhogawati e muitos outros pequenos afluentes drenam o distrito. Entre eles, o Bhima e o Sina são rios importantes nesta área. Estes dois rios são utilizados para irrigação na zona do distrito de Solapur propensa à seca (Fig. 2.3.).

Rio Bhima:

O rio Bhima drena a parte central do distrito, que inclui a maior parte dos tehsils de Karmala, Madha, Malshiras, Pandharpur, Mangalwedha, Mohol e Solapur. O rio, um dos principais alimentadores do rio Krishna, nasce a 19°4' de latitude norte e 73° 34' de longitude leste perto de Bhimashankar no distrito de Pune e corre para sudeste através dos distritos de Pune, Ahmednagar, Solapur e Bijapur antes de cair no

Krishna a cerca de 25 km a norte de Raichur. Entra no distrito perto da aldeia Jinti em Karmala tehsil e corre na direção sudeste, para deixar o distrito e entrar em Bijapur perto da aldeia Hilli em Akkalkot tehsil. O rio tem um comprimento total de 289 km e, dentro dos limites do distrito, um comprimento sinuoso de cerca de 110 km. O rio corre entre margens aluviais elevadas e margens lavradas com 200-500 metros de distância. Em certos sítios, é rochoso mas, em regra, o leito é de cascalho ou de lama. O rio é atravessado por nove barcos, três em Pandharpur, em Kuroli, Pandharpur e Brahmapuri, e seis em Solapur, em Ghodeshvar, Kusur, Bhandar-Kavta, Sadepur, Aunj e Takli. Todo o vale, a 400-600 metros de altitude acima do nível médio das águas do mar, é pontuado por quartzo isolado, mas disperso e fragmentado, que são relíquias de algumas formações intra-trappeanas.

Rio Nira:

O Nira, o principal afluente da margem direita do rio Bhima, nasce nos tehsils de Bhor, no distrito de Pune, num dos contrafortes de Sahyadri, coroado pelo forte Torna. Corre para sudeste e leste ao longo das fronteiras dos distritos de Pune e Satara antes de desaguar no rio Bhima. Do seu comprimento total de cerca de 180 km, cerca de 48 km situam-se nas fronteiras dos distritos de Pune e Solapur. Neste troço, o rio Nira corre para nordeste, formando o limite norte dos tehsils de Malshiras e contornando a aldeia de Akluj, cai no rio Bhima perto de Sangam. As margens do rio Nira são íngremes e rochosas e o seu leito é geralmente de cascalho. Tem cerca de 120 metros de largura e alguns pequenos charcos de onde a água é retirada por elevadores ou budkis para regar as culturas hortícolas.

Man River:

O Man, um afluente da margem direita do rio Bhima, nasce na cordilheira de Phaltan, um esporão da cordilheira de Mahadev na subdivisão de Man do distrito de Satara, a oeste de Dahiwadi e atravessa partes orientais do distrito de Satara e flui através de Sangola e Pandharpur tehsils de Solapur antes de se juntar ao Bhima perto de Sarkoli a cerca de 17 km a sudeste de Pandharpur. Do seu comprimento total superior a 160 km, cerca de 80 km situam-se dentro dos limites do distrito. O rio passa pela cidade de Sangola. As margens do rio Man são baixas e cultivadas e o seu leito é de cascalho. O rio é conhecido por subir rapidamente durante as cheias. Os principais afluentes do Man no distrito são Belvan, Khurdu, Sanganga e Vankdi, todos eles sazonais.

Rio Sina:

O rio Sina, um dos grandes afluentes da margem esquerda do Bhima, nasce a 22 km a oeste de Torna, no distrito de Ahmednagar, e corre para sudeste através de Ahmednagar, entrando no distrito de Solapur perto da aldeia de Aljapur, em Karmala tehsils, e caindo no Bhima perto de Kudal, a cerca de 25 km a sul de Solapur, na fronteira entre Maharashtra e Karnataka. Tem 180 km de curso no distrito de Solapur. A cerca de 7 km a norte de Mohol, o rio recebe o rio Bhogawati na sua margem esquerda. Outro pequeno afluente na margem esquerda é o rio Gorda, que se junta ao Sina a leste de Madha. O rio Sina tem cerca de 100-200 metros de largura e margens íngremes. O leito é geralmente arenoso, mas ocasionalmente rochoso. Enquanto a montante de Mohol, o rio corre através de um vale estreito, a jusante abre-se amplamente para se fundir no amplo vale de Bhima. Cinco ferries, um em Madha, em Kolgaon, e quatro em Solapur, em Lamboti, Tirhe, Vaddukbal e Vangi, atravessam o Sina.

Rio Bhogawati:

O Bhogawati é um grande afluente do Sina que nasce nas escarpas viradas a sul das colinas Ramling da cordilheira de Balaghat nas partes nordeste de Barshi tehsils e, após um curso sudoeste de cerca de 65 km. através de Barshi e Madha, cai no rio Sina, cerca de 7 km. a norte de Mohol. Tem cerca de 30 metros de largura e uma corrente esguia durante as águas baixas. Os seus principais cursos de água são o Bodki, o Nagsari e o Sira, que nascem nas colinas de Balaghat e correm para sudeste. Todos estes cursos de água de alimentação mantêm o ribeiro a correr praticamente durante todo o ano.

Rio Bhend:

O Bhend é um pequeno afluente do rio Sina na sua margem direita e nasce perto de Kem em Karmala e cai no Sina, um pouco a norte da aldeia de Undargaon.

Rio Bori:

O rio Bori, um pequeno afluente da margem esquerda do Bhima, nasce nas escarpas viradas a sul do planalto de Osmanabad perto de Tuljapur e corre para sul, drenando para sul na parte oriental do tehsil de Akkalkot. O Harni é o seu afluente. Tem um caudal de 50 km através do distrito.

Tanques:

Existem 40 depressões de tanques no distrito, algumas das quais são utilizadas para irrigação de terras agrícolas. A maior parte delas situa-se nos tehsils de Barshi e Sangola, nas encostas do sopé, no limite inferior da escarpa. Entre elas, as maiores e mais significativas são o tanque Ekruk em North-Solapur, o tanque Budhyal em Sangola tehsil e o tanque Asti em Mohol tehsil.

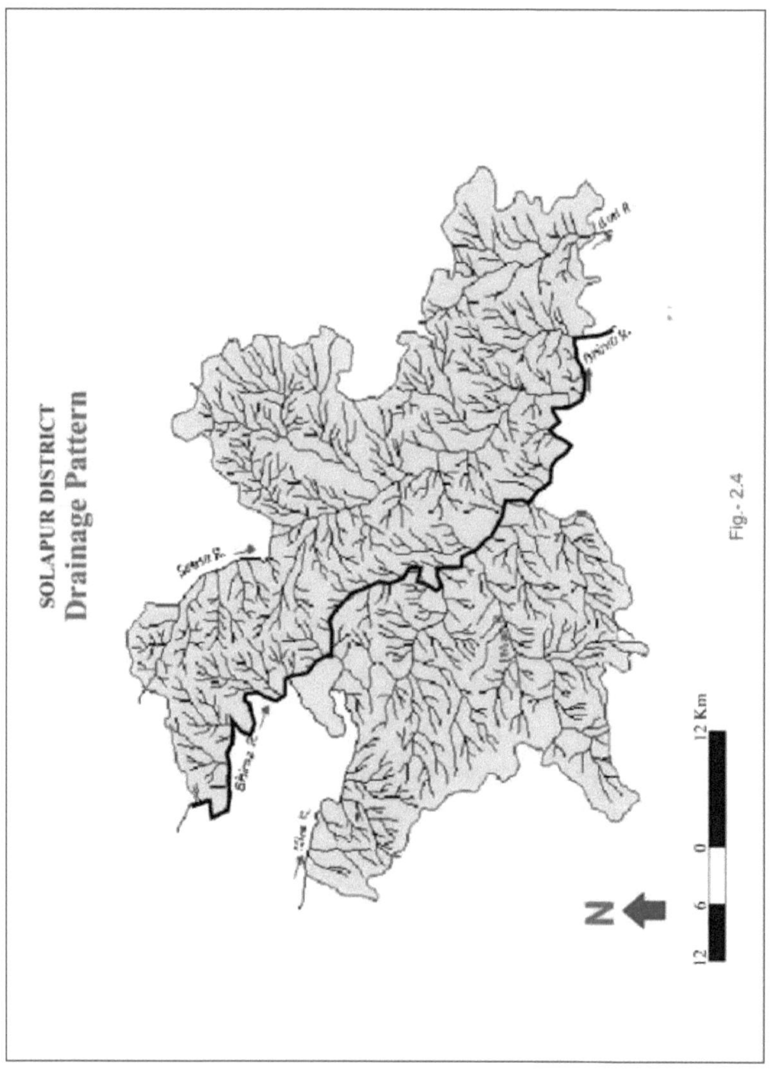

2.7. Solos:

Qualquer estudo da atividade agrícola deve ter como referência os solos. O solo, que é a camada fina superior não consolidada da superfície terrestre, surgiu de vários processos de meteorização, relevo, materiais de origem, organismos e tempo. O solo é um meio de crescimento das plantas. A agricultura depende em grande medida do solo. O tamanho das partículas do solo determina a textura do solo e a disposição das partículas do solo refere-se à estrutura do solo. A aptidão das culturas depende em grande medida destas características físicas do solo. As características físicas estão relacionadas com a estrutura, a textura, as cores do solo e a temperatura do solo. As características químicas são também de grande importância e a fertilidade do solo depende, em grande medida, da sua estrutura química. A combinação das características físicas, químicas e biológicas do solo determina o nível da agricultura e a qualidade das culturas nele efectuadas. O solo do distrito de Solapur é principalmente de origem vulcânica do Deccan Trap. O solo do distrito pode ser classificado em três categorias principais com base na profundidade e na estrutura do solo.

Quadro 2.3
Distrito de Solapur - Tipos de solo

Sr. Nã o.	Categoria do solo	Área em percentagem	Profundidade em cm
1	Solos rasos	43.05%,	< 23.50
2	Solos médios	33.99%	23.50 - 45.00
3	Solos profundos	22.96%	> 45.00

***Fonte:** - Kashid P.B. Agriculture land use in Solapur district, Geographical Analysis.*

Estima-se que, do total da área cultivada, os solos rasos ocupam cerca de 43,05%, os solos médios 33,99% e os solos profundos 22,96% do distrito.

1. **Solos rasos (Profundidade inferior a 23,50 cm.)**

Os solos   rasos ocorrem na parte sul de Malshiras tehsil, Sangola e na parte central de Madha e Karmala tehsils. Os solos rasos são conhecidos como solos leves e localmente conhecidos como Malran. A profundidade deste tipo de solo é de até 23,5 cm. Os solos são de carácter misto, variando de castanho claro a avermelhado e não retêm a humidade. Os solos rasos são de carácter alcalino e o valor de PH varia de 7,9 a 8,6 com os sais solúveis a menos de 0,3 a 0,39 por cento. O teor de carbonato de cálcio varia de 2,8 a 20 por cento. O teor de azoto é de cerca de 0,04 por cento, enquanto a matéria orgânica varia entre 0,32 e 0,90 por cento (Tabela. No.2.3).

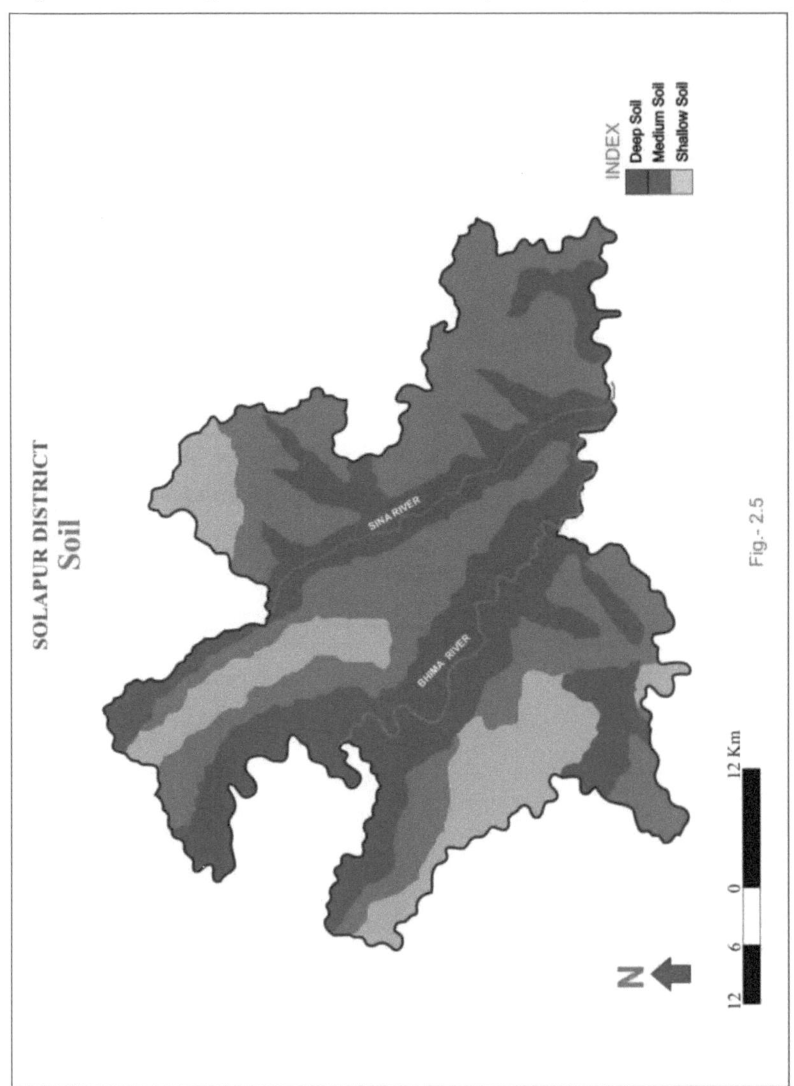

2. Solos médios (Profundidade 23,50 a 45 cm.)

O solo de profundidade média é comparativamente muito difundido **na** região. A profundidade deste solo varia de 23,5 a 45 cm. Os solos de profundidade média são de cor castanha escura a preta. A textura deste solo varia de franco salgado a franco argiloso. O valor do pH varia de 7,2 a 8,3, com sais solúveis de 0,2 a 0,51 por cento. O teor de carbonato de cálcio e de matéria orgânica varia entre 3,0 e 20,0 por cento e 0,46 e 1,10 por cento, respetivamente. O teor de nitrogénio varia de 0,04 a 0,05 por cento e o de fosfato de 8,20 a 12,30 mgm. por cento. Estes tipos de solo ocorrem na parte central da região e na parte oriental dos tehsil de Barshi, Mangalwedha e Akkalkot da região (Fig. No. 2.5).

3. Solos profundos (profundidade superior a 45 cm.)

Os solos profundos ocorrem ao longo da margem do rio Bhima e dos seus afluentes em Malshiras, Karmala, Pandharpur, South-Solapur, Barshi, Mohol e Akkalkot tehsil da região. A cor muda de castanho-acinzentado escuro para preto escuro. Estes solos são de textura argilosa e de carácter alcalino. O valor do pH varia entre 8,5 e 8,9, com sais solúveis entre 0,4 e 2,0 por cento. O teor de carbonato de cálcio e de matéria orgânica varia entre 6,7 e 15,8 por cento e 1,10 e 1,34 por cento, respetivamente. O teor de azoto varia entre 0,04 e 0,06 por cento e o de fosfato entre 16,05 e 43,07 mgm. por cento. Estes solos são férteis e, por isso, dão melhores rendimentos.

2.8. Clima

O clima consiste na temperatura, precipitação, humidade, luz solar, nevoeiro, neblina, neve, granizo, ventos e pressão atmosférica. O clima do distrito de Solapur é, em geral, agradável e caracteriza-se por uma secura geral, exceto durante a estação das monções. A estação fria, de dezembro a meados de fevereiro, seguida da estação estival, que se prolonga até ao final de maio, da estação das monções do sudoeste, de junho a setembro, e da estação pós-monção ou estação das monções em retirada, em outubro e novembro.

2.8. A. Precipitação

A precipitação, como parâmetro ecológico primário, criou uma variedade de tipos de empresas agrícolas ou sistemas de agricultura. Também se torna um perigo climático para a agricultura quando se caracteriza por escassez, concentração, intensidade, variabilidade e falta de fiabilidade. O distrito de Solapur está situado na zona de Maharashtra propensa à seca. A precipitação no distrito de Solapur é muito baixa e irregular. A distribuição da precipitação no distrito de Solapur é caracterizada por três tipos de regiões pluviométricas.

a. Região de elevada pluviosidade [mais de 600 mm]

b. Região de precipitação média [entre 500 -600 mm]

c. Região de baixa pluviosidade [menos de 500 mm]

Quadro 2.4
Distrito de Solapur: Precipitação média anual e alterações

Sr. Não.	Tehsils	Precipitação em mm		
		1971	2005	Alterar
1	Karmala	697	571	-126
2	Madha	612	631	+19
3	Barshi	933	757	-176
4	N Solapur	786	697	-89
5	Mohol	738	538	-200
6	Pandharpur	429	520	+91
7	Malshiras	469	324	-145
8	Sangola	372	370	-02
9	Mangalwedha	724	656	-68
10	S Solapur	786	698	-88
11	Akkalkot	931	676	-255
	Distrito	732	585	-147

Fonte: Resumo socioeconómico do distrito de Solapur 1971 e 2005

A distribuição espacial do distrito de Solapur em 2004-05 é a seguinte.

a. Região de precipitação elevada [mais de 600 mm] :

O taluka com a precipitação mais elevada no distrito de Solapur é Barshi e neste tehsil registaram-se 757 mm de precipitação em 2005. As regiões de Solapur Norte, Solapur Sul, Mangalwedha, Akkalkot e Madha são consideradas nesta faixa de precipitação, estando situadas na parte nordeste do distrito de Solapur.

b. Região de pluviosidade média [pluviosidade entre 500-600 mm]:

A região de precipitação média é delimitada entre 500 mm e 600 mm de precipitação. Nesta faixa de precipitação estão incluídos os tehsil de Karamala, Pandharpur e Mohol. Esta zona está situada na parte central e noroeste do distrito de Solapur. Mas esta zona é mais irrigada por canais e rios.

SOLAPUR DISTRICT
Average Annual Rainfall
Year 1971
INDEX
(Rainfall in mm)
High Rainfall
Moderate Rainfall
Low Rainfall
Year 2005
INDEX
(Rainfall in mm)
High Rainfall
Moderate Rainfall
Low Rainfall
Change in %
INDEX
Positive
Above 100
Below 100
Negative
Above 100
Below 100
N
12   6   0   12 Km

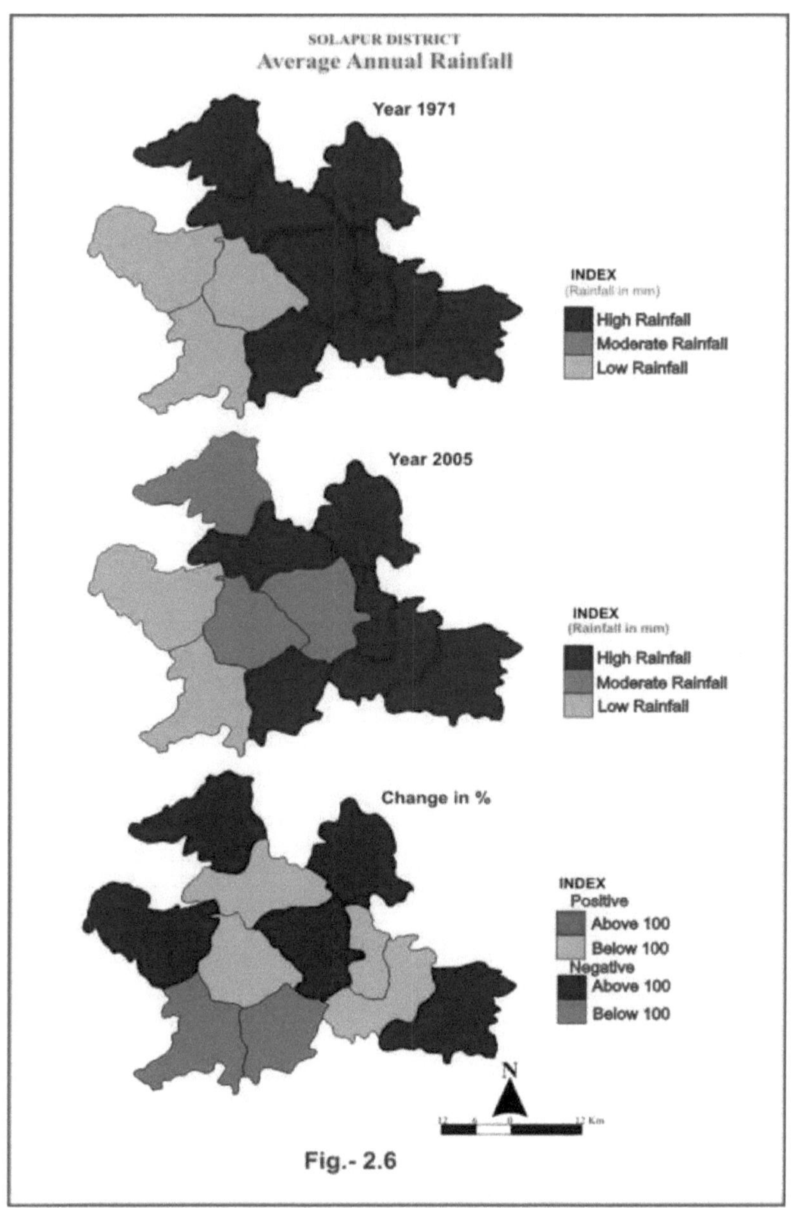

Fig.- 2.6

c. Região de baixa pluviosidade [pluviosidade inferior a 500 mm] :

A precipitação inferior a 500 mm situa-se na região de baixa pluviosidade. O taluka de Malshiras é o tehsil com menor precipitação no distrito de Solapur. Neste tehsil registam-se 324 mm de precipitação. Mas neste tehsil a agricultura está mais desenvolvida graças à irrigação da barragem de Vir e Bhatgar, ao canal direito de Nira e à água disponível do rio Bhima e dos seus afluentes. O tehsil de Sangola é também um tehsil de baixa pluviosidade, onde se registam 370 mm de precipitação. Neste tehsil, a cultura da romã é mais desenvolvida através da irrigação por gotejamento.

As alterações temporais registadas entre 1970 e 2005 são também apresentadas no quadro 2.4. O quadro mostra que a precipitação de 147 mm diminuiu durante o período de inquérito. A maior diminuição foi observada no tehsil de Akkalkot (255 mm) e a menor no tehsil de Sangola (2 mm). A precipitação média aumentou apenas em Pandharpur (91 mm) e no tehsil de Madha (19 mm).

2.8.B. Temperatura

A temperatura é um fator muito importante do clima. O distrito de Solapur está situado numa zona propensa à seca e numa região tropical quente. Por conseguinte, a temperatura do distrito é quente e elevada. O tempo frio começa no final de novembro, quando a temperatura começa a diminuir rapidamente.

Quadro 2.5

Distrito de Solapur: Temperatura média anual mínima e máxima

N.º Sr.	Meses	1971		2005	
		Temp. máxima média diária C°	Temp. mínima diária média C°	Temp. máxima média diária C°	Temp. mínima diária média C°
1	Jan	31.2	16.5	30.4	15.3
2	Fev	34.6	18.7	33.2	17.1
3	março	37.9	22.0	36.8	20.8
4	abril	39.9	24.8	39.3	24.2
5	maio	40.1	25.6	39.9	25.1
6	junho	34.3	23.5	34.7	23.3
7	julho	32.7	22.3	31.3	22.3
8	agosto	29.9	22.3	31.2	21.8
9	setembro	30.9	21.0	31.1	21.6
10	outubro	33.1	20.5	32.1	20.4
11	Nov	31.2	16.1	30.4	17.2
12	Dez	29.9	12.3	29.9	14.8

Média do distrito	33.8	20.5	33.3	20.3

dezembro é o mês mais frio, com a temperatura máxima diária a rondar os 29,9ºc e a temperatura mínima diária média a rondar os 14,8ºc. O calor durante

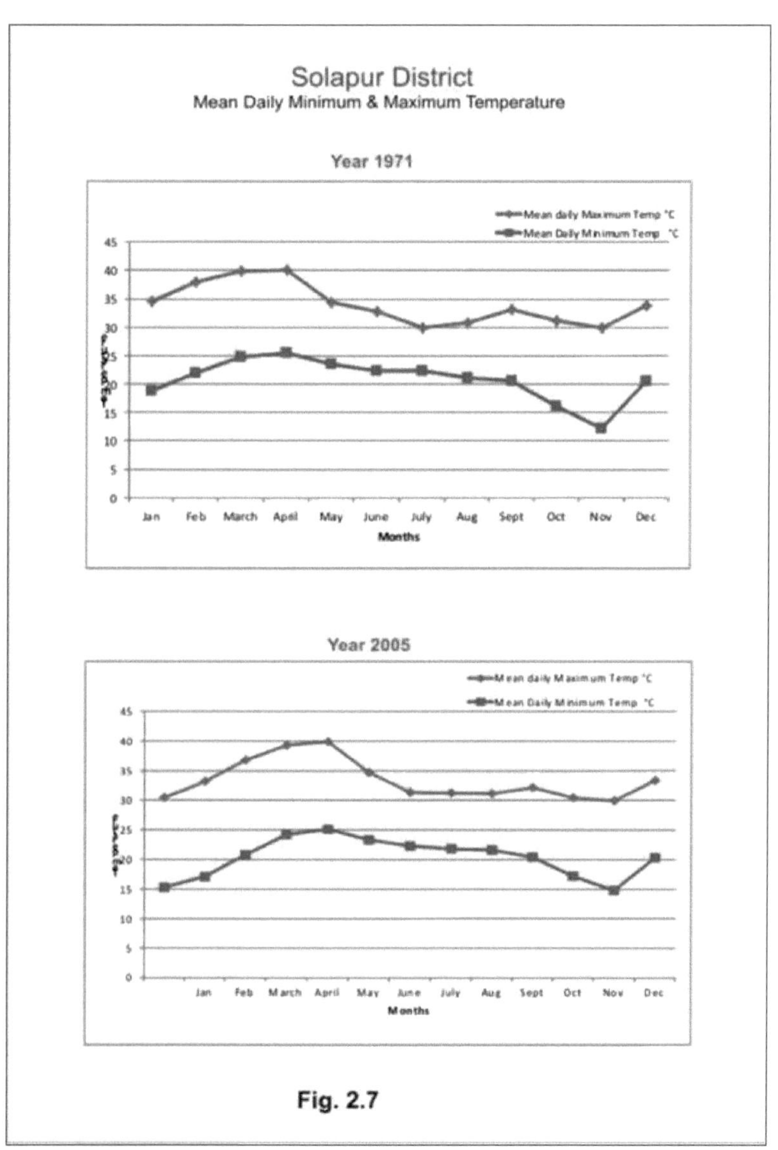

O verão [abril a maio] é intenso e a temperatura máxima atinge por vezes os 39,9°c. O aguaceiro da tarde, que ocorre em alguns dias, traz um alívio bem-vindo com o início da monção do Sudeste no distrito no início de junho. Com a retirada antecipada da monção, a temperatura desce de forma acessível.

Na estação chuvosa, a temperatura máxima mensal para julho e agosto é de 31°c. No final de setembro, a temperatura volta a aumentar ligeiramente (Quadro n° 2.5). Em outubro ocorre um aumento elevado da temperatura, o que se designa por "calor de outubro", mas a temperatura nocturna diminui constantemente. Na estação fria, a temperatura mínima varia entre 17,1°c e 20,5°c. dezembro e janeiro são os meses mais frios do ano com temperaturas mínimas de 14,8 °c e 15,3 °c.

2.9 Vegetação natural

Todas as plantas, que crescem juntas numa área qualquer da sua vegetação. A vegetação de qualquer região é composta por um conjunto de plantas pertencentes a poucas ou muitas espécies diferentes. A vegetação natural é normalmente utilizada para descrever o crescimento natural das plantas em relação ao crescimento das plantas cultivadas. A vegetação natural é composta por três divisões: floresta, pradaria e deserto. Na região em estudo, a cobertura florestal é muito pobre. A floresta do distrito de Solapur ocupa 357,9 quilómetros quadrados, dos quais 345 quilómetros quadrados. A área florestal e 12 km2 são florestas não classificadas. Por outras palavras, 157 km2 estão sob a alçada do departamento de receitas, 188 km2 sob a alçada do departamento florestal e uma média de 12 km2 de floresta não classificada reservada e não reclamada. Surpreendentemente, estas florestas pobres dispersas constituem apenas 0,94% das áreas totais do distrito. No passado, as florestas eram comparativamente densas, com predominância de florestas de freixo nas colinas e com crescimento de babhul e neem, mais baixas nas planícies. No entanto, atualmente, a maioria destas florestas desapareceu, restando hoje em dia árvores e arbustos pobres, raquíticos e malformados, em manchas dispersas. Antes da independência do nosso país, as zonas florestais estavam sob a administração da divisão florestal do distrito de Solapur. Mas devido à pressão crescente da população, algumas terras florestais foram convertidas em terras agrícolas e outras foram desnudadas de vegetação e solo.

Atualmente, as florestas são observadas principalmente em manchas nos tehsils de Malshiras, Sangola e Barshi, nas encostas das colinas e nas zonas baixas. A população local consome a maior parte dos produtos florestais do distrito. De facto, os produtos florestais não satisfazem a procura total e as necessidades têm de ser importadas de outros locais de Maharashtra e da Índia. As principais zonas de recolha de produtos florestais no distrito são Barshi e Solapur.

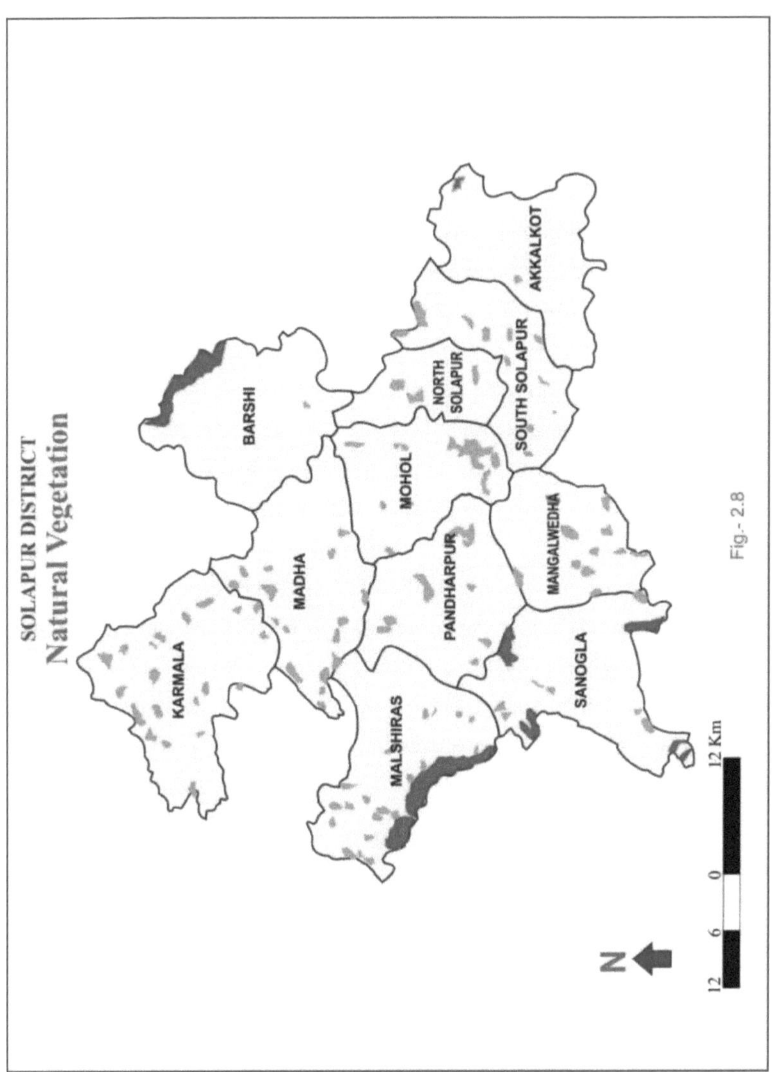

2.10. Transportes e comunicações:

Os transportes e as comunicações desempenham um papel significativo e fulcral no desenvolvimento da agricultura moderna. O desenvolvimento global da região depende dos meios de transporte disponíveis na região. A dimensão da expansão da agricultura aumentou devido à utilização de novos factores de produção e ao seu transporte. Todos sabemos que a disponibilidade de meios de transporte e de comunicação pode certamente desenvolver a indústria, o comércio e as trocas comerciais. Por outras palavras, diz-se que todo e qualquer investimento na economia, e o seu sucesso ou fracasso, depende em certa medida do sector dos transportes. Os transportes desempenham um papel importante no crescimento e na distribuição das povoações rurais e urbanas, bem como no desenvolvimento da economia e na interação rural-urbana. Os modos de transporte na região de estudo são principalmente as estradas e os caminhos-de-ferro.

2.10.A. Estradas:

A estrada é um meio de transporte importante para o desenvolvimento social e económico de uma determinada região. Ao contrário dos caminhos-de-ferro, as estradas oferecem serviços porta-a-porta. Em termos de transportes rodoviários, o distrito de Solapur está em melhor situação, uma vez que tem uma extensão total de 14.108 km, dos quais 188 km (1,33%) pertencem à autoestrada nacional, 173 km (2,35%) à autoestrada nacional principal e 1332 km (9,44%) à autoestrada nacional. (9,44%) de autoestrada estatal. Para além disso, as estradas distritais principais têm uma extensão de 3039 (21,54%) km, enquanto outras estradas distritais ocupam 2138 km (15,12%). As estradas das aldeias têm, comparativamente, um comprimento considerável em quilómetros e compreendem 7238 km (51,29%) de comprimento no distrito, ligando todas as aldeias do distrito.

Quadro 2.6
Distrito de Solapur - Comprimento das estradas (2004-05)

Tipos de estrada	Comprimento em km.	Comprimento em percentagem
Autoestrada nacional	188	1.33
Estrada nacional principal	173	2.35
Autoestrada estatal	1332	9.44

	3039	21.54
Estradas principais do distrito		
Estradas do distrito	2138	15.14
Estradas da aldeia	7238	51.29
Comprimento total	14108	100.00

Fonte: *Compilado pelo autor.*

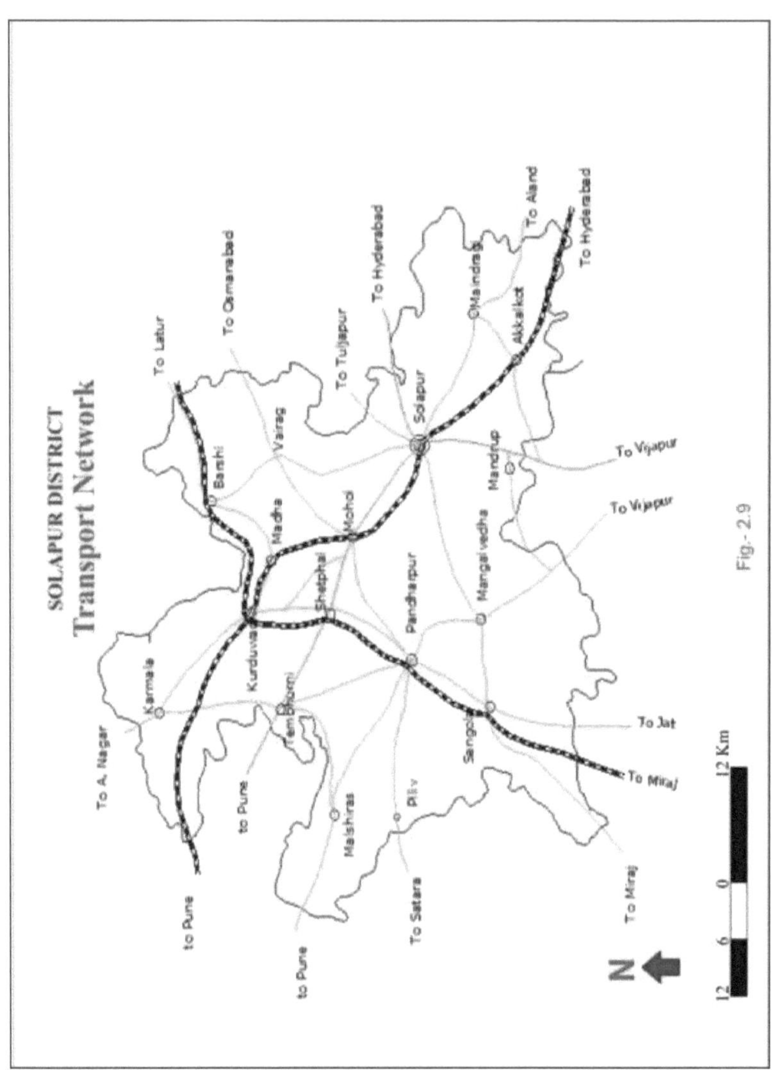

Por ordem de importância, a tabela em causa revela as estradas de aldeia que representam mais de metade do comprimento total do distrito. Seguem-se as estradas distritais principais, que representam um pouco menos de um quarto do comprimento total do distrito. Seguem-se outras estradas distritais, por ordem de importância, que representam um sexto do comprimento total das estradas distritais (Tabela 2.6).

2.10.B. Caminhos-de-ferro:

Os caminhos-de-ferro desempenham um papel vital no transporte de mercadorias e passageiros. A extensão total da rede ferroviária é de 532 km e é muito reduzida em comparação com outros distritos do estado de Maharashtra. Existem três linhas de caminho de ferro importantes que atravessam o distrito. São elas Mumbai-Chennai, Solapur-Yashvantpur, & Latur-Miraj (Fig.No.2.9). Kurduwdi e Hotgi são os pontos de junção importantes da região de estudo. Solapur, Pandharpur e Sangola são algumas das estações de caminho de ferro situadas dentro dos limites da área de estudo. Com exceção de Malshiras e Mangalwedha tehsils do distrito, todos os restantes tehsils beneficiam de transporte ferroviário de bitola larga.

2.11. Situação demográfica

2.11.A. Distribuição da população

O recurso humano é a riqueza da nação. O próprio homem é um recurso que é o poderoso fator geográfico na superfície da Terra. O processo de desenvolvimento económico de qualquer região depende da qualidade e da quantidade da população. O homem desempenha um papel duplo nas actividades económicas, como produtor e consumidor. O crescimento, a distribuição e as características da população revelam, em certa medida, o poder humano da região e são também responsáveis pelo seu progresso. A atitude do agricultor é também um fator importante que determina a adoção de inovações na agricultura. É por isso que, no desenvolvimento da fruticultura na região de estudo, a mão de obra é considerada como um dos elementos mais importantes, porque a fruticultura responde favoravelmente à criação de oportunidades de emprego adicionais para as massas rurais.

Quadro n.º 2.7
Distrito de Solapur - Distribuição da população (2001)

N.º Sr.	Tehsils	População (em milhares de euros)	Percentagem
1	Karmala	233	6.07
2	Madha	292	7.60
3	Barshi	341	8.85
4	Norte-Solapur	961	24.96
5	Mohol	252	6.56
6	Pandharpur	403	10.46
7	Malshiras	423	10.97
8	Sangola	273	7.06
9	Mangalwedha	170	4.45
10	Sul-Solapur	211	5.48

11	Akkalkot	290	7.54
	Total	3849	100

Fonte: - Livro de registo do recenseamento distrital, distrito de Solapur - 2001.

O quadro 2.7 mostra que a população total desta região era de 3849000 em 2001. A população mais elevada regista-se no tehsil de North Solapur, com 24,96%, e a população mais baixa regista-se no tehsil de Mangalwedha, com 4,45%. De acordo com o recente recenseamento de 2011, a população total de Solapur está registada em 43 16 000 habitantes, dos quais 22 34 000 são homens e 20 82 000 são mulheres.

2.11.B. Crescimento da população

O crescimento da população numa área é determinado por três factores básicos: nascimentos, mortes e migração. A diferença entre os nascimentos e os óbitos é designada por aumento natural da população e, tendo em conta os nascimentos, os óbitos e a migração (migração interna ou externa), designa-se por crescimento total da população. Para efeitos da análise, considera-se o crescimento total da população.

Quadro n.º 2.8

Distrito de Solapur - Crescimento da população

Sr.	Tehsils	População (000)					
		1971	%	2005	%	Alterar	%
1	Karmala	151	6.70	233	6.07	+ 82	- 0.63
2	Madha	193	8.56	292	7.60	+ 99	-0.96
3	Barshi	263	11.67	341	8.85	+ 78	-2.82
4	N Solapur	487	21.60	961	24.96	+ 474	+3.36
5	Mohol	142	6.30	252	6.56	+ 110	+0.26
6	Pandharpur	108	4.80	403	10.46	+ 295	+5.66
7	Malshiras	226	10.02	423	10.97	+ 197	+0.95
8	Sangola	156	6.92	273	7.06	+ 117	+0.14
9	Mangalwedha	108	4.79	170	4.45	+ 62	-0.34
10	S Solapur	133	5.90	211	5.48	+78	-0.42
11	Akkalkot	207	9.18	290	7.54	+83	-1.46
	Distrito	2254	100	3849	100	+ 1595	-

Fonte: - Livro de registo do recenseamento distrital, distrito de Solapur - 1971 e 2005.

SOLAPUR DISTRICT
Population Distribution
N
12   6   0   12 Km
INDEX   (Population in 000)
High (Above600)
Moderate (300-600)
Low (Below 300)

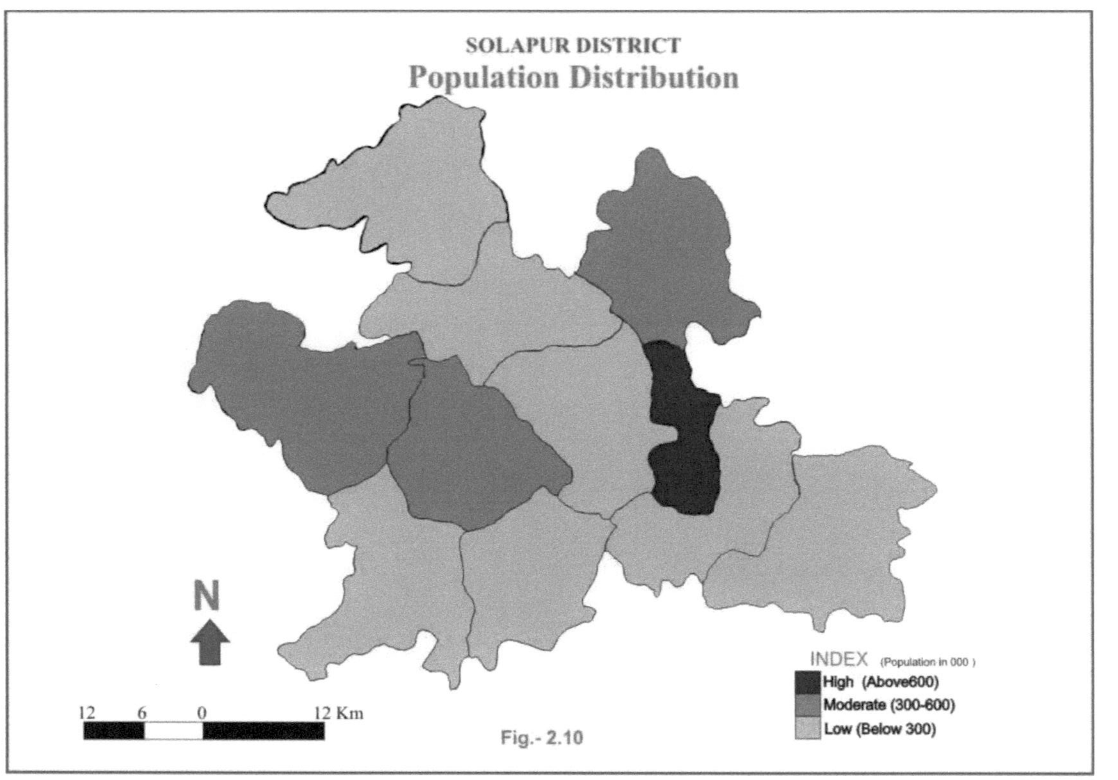

Fig.- 2.10

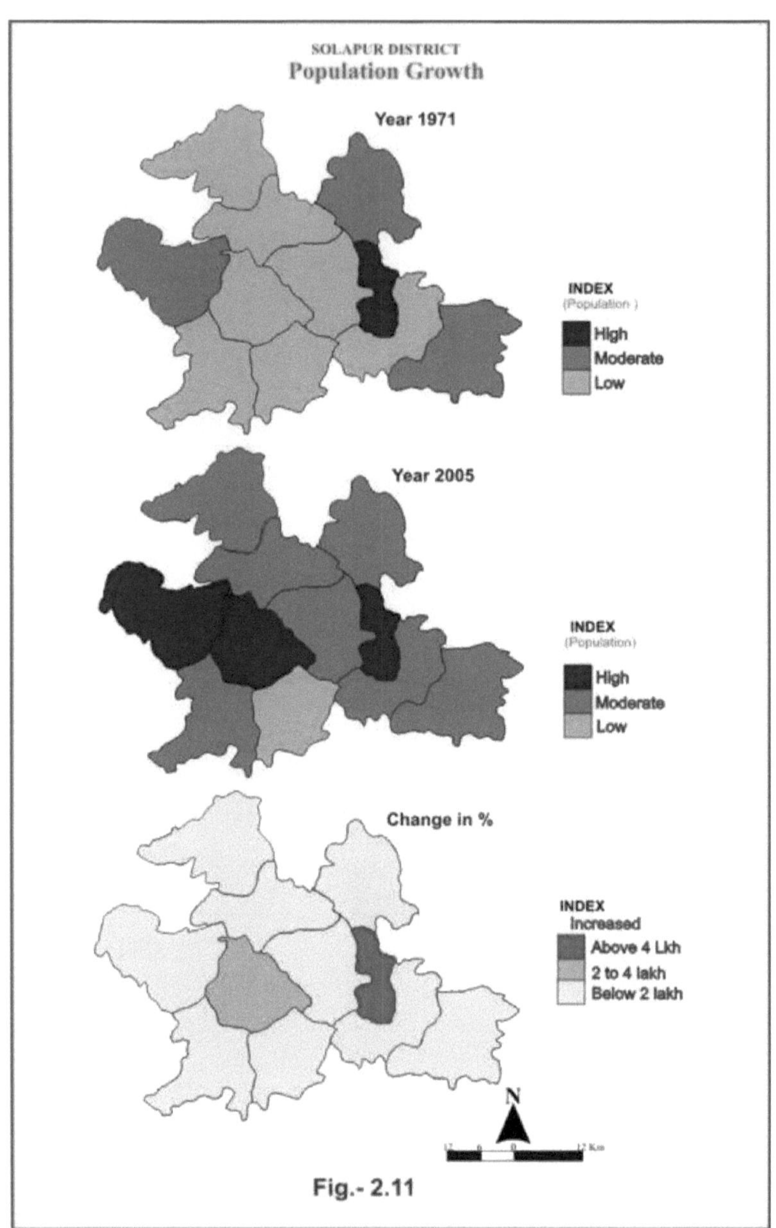

A população do distrito de Solapur representa 3,30 por cento da população do estado de Maharashtra. A população aumentou de 1971 a 2005. Em 2004-2005, a população era de cerca de 3849000. O quadro 2.7 mostra a população do distrito entre 1971 e 2005.

Em 2005, o crescimento da população e da população total em North Solapur, Pandharpur e Malshiras taluka foi muito elevado (acima de 4 lakh de população). A cidade de Solapur está incluída no taluka de Solapur do Norte. O distrito de Solapur oferece mais oportunidades de emprego e a rede de transportes, como a rede rodoviária e ferroviária, está mais desenvolvida. Por isso, o crescimento e a população total de Solapur são maiores. A população moderada (2 lakh a 4 lakh) foi observada em Karamala, Madha, Barshi, South Solapur, Akkalkot, Sangola e Mohol tehsil. Os dados revelam um crescimento significativo da população nas zonas ocidental e norte do distrito, devido a factores físicos e económicos. Existem boas terras, fertilidade do solo, boa irrigação, crescimento dos produtos agrícolas, fábricas de algodão e de cana-de-açúcar, projectos de moagem e MIDC. A população em Mangalwedha tehsil é muito baixa (menos de 2 lakh).

O quadro mostra igualmente a alteração da percentagem da população na população total durante o período de estudo. Em comparação com os censos de 1971, a percentagem da população de North Solapur taluka em 2005 aumentou mais (mais de 4 lakh), seguida de Pandharpur (2 a 4 lakh). Na parte restante do distrito, o crescimento da população total foi baixo (inferior a 2 lakh).

2.11. C. Densidade populacional

A densidade média da população é expressa em número de pessoas por km2 de área. A distribuição da população urbana e rural na área de estudo é desigual e largamente influenciada pelas condições fisiográficas e socioeconómicas prevalecentes na área. A densidade populacional determina se uma região ou um distrito é densamente ou escassamente povoado.

De acordo com o recenseamento de 2001, a população do distrito de Solapur é de cerca de 38 lakh, distribuídos por uma área de 14895 quilómetros quadrados, com uma densidade global de 272 pessoas por quilómetro. O crescimento da população regista-se sobretudo nas zonas ocidental, oriental e média do distrito. A densidade populacional é muito elevada em North Solapur, com 1287 pessoas por quilómetro, devido ao facto de a cidade de Solapur estar incluída neste tehsil. Esta área está bem desenvolvida; é um distrito com indústrias e uma boa rede de transportes. A elevada densidade populacional também se encontra nos tehsils de Pandharpur (309 pessoas) e Malshiras (278 pessoas), porque Pandharpur é um centro religioso e uma região agrícola desenvolvida. Nesta região, a cultura da cana-de-açúcar está mais desenvolvida. A densidade populacional média encontra-se em tehsil como Sangola, Barshi, Mohol, Akkalkot, South Solapur e Madha talukas. A densidade populacional é de 150-300 pessoas por quilómetro nestes talukas. A densidade populacional é muito baixa nos talukas de Karamala (145 pessoas) e Mangalwedha (149 pessoas) porque estes talukas não estão bem desenvolvidos do ponto de vista agrícola.

Quadro n.º 2.9

Sr	Tehsil	Densidade populacional		
		1971	2005	mudança
1	Karmala	94	146	+55
2	Madha	125	185	+60
3	Barshi	162	224	+62
4	N Solapur	662	1407	+745
5	Mohol	101	192	+91
6	Pandharpur	144	311	+167
7	Malshiras	149	263	+114
8	Sangola	98	175	+77
9	Mangalwedha	95	150	+55
10	S Solapur	112	176	+64
11	Akkalkot	149	207	+58
	Distrito	150	259	+109

Distrito de Solapur - Crescimento da população
Fonte: - Livro de registo do recenseamento distrital, distrito de Solapur -
1971 e 2005.

Um estudo comparativo da alteração da densidade populacional do distrito de Solapur entre 1971 e 2005 revela uma clara alteração da densidade populacional ao nível das Tehsil. Verifica-se uma grande alteração da densidade populacional nas talukas de North Solapur (+745), Pandharpur (+167), Malshiras (+114) e Sangola (+77). Nestes tehsils, a densidade populacional aumentou devido a factores como a situação económica, as fábricas de algodão, as indústrias, as terras férteis, o bom sistema de irrigação, o desenvolvimento da rede de transportes e do comércio. Consequentemente, as condições económicas dos agricultores são boas nesta região. Assim, a densidade populacional total no distrito de Solapur aumentou 109 pessoas por quilómetro em 35 anos, entre 1971 e 2005.

44

SOLAPUR DISTRICT
Population Density
Year 1971
INDEX
High Density
Moderate Density
Low Density
Year 2005
INDEX
High Density
Moderate Density
Low Dnesity
Change in %
INDEX
Increase in Person per Sq.Km
Above 100
Below 100
N
12 6 0 12 Km

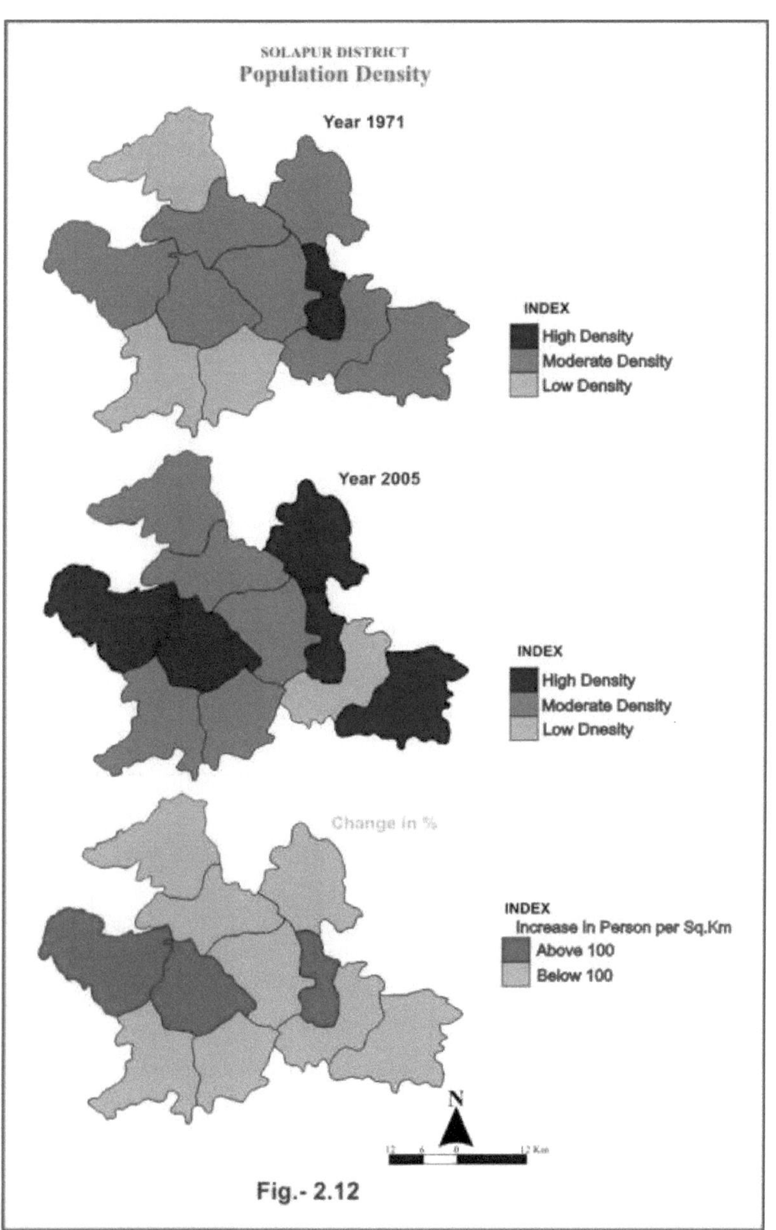

Fig.- 2.12

2.12. Dimensão da propriedade fundiária

A dimensão da exploração agrícola é um dos factores importantes que influenciam as decisões dos agricultores em matéria de trabalho agrícola e determina o seu rendimento agrícola. A exploração das terras é um aspeto importante do estudo da utilização das terras. Com a alteração da dimensão das explorações, o padrão de utilização das terras também se altera e o padrão de utilização das terras fica estagnado logo que as explorações atingem um determinado nível. No distrito de Solapur, a dimensão das explorações agrícolas varia entre 0,5 hectares e mais de 20 hectares. O quadro 2.10 mostra a dimensão das explorações operacionais.

Quadro 2.10
Tamanho da exploração agrícola

Sr	Tamanho da propriedade (Hectors)	Total de participações							
		Ano 1971			Ano 2005			Alterar	
		Número	%	Área	Número	%	Área	Número	Área
1	Inferior a 0,5	18060	7.40	4400	17416	3.08	25489	-644	+21089
2	0.5- 1.0	17652	7.23	12900	10425	18.43	78738	+ 8660	+65838
3	1.0-2.0	38149	15.63	56500	17569	31.07	26186 9	+13754 4	+205369
4	2.0-5.0	78251	32.07	25800	17178 3	30.38	51450 6	+93532	+488706
5	5.0 - 10.0	55945	22.93	391400	29936	5.29	20656 9	-26009	-184831
6	10.0- 20.0	29825	12.22	408300	5608	0.99	78357	-24217	-329943
7	Acima de 20,0	6065	2.48	173600	697	0.12	25633	-5368	-147967
	Total	243947	100	1305000	565389	100	1191161	+321442	-113839

Ref:- Resumo socioeconómico do distrito de Solapur (1970-71 e 2004-05)

Em 1971, o número total de explorações na zona de estudo era de 243947. Destas, 14,63% dos agricultores tinham menos de 1 hectare, 47,70% tinham de 1 a 5 hectare, 22,93% tinham de 5 a 10 hectare, 12,22% tinham de 10 a 20 hectare e 2,48% tinham mais de 20 hectare.

De acordo com 2005, existiam 565389 explorações operacionais de todas as dimensões, representando 1191161 hectares de superfície explorada. Em comparação com 1971, o número de agricultores aumentou em 321442. Assim, as explorações agrícolas registaram mudanças consideráveis desde 1970-71 na região. O quadro 2.10 mostra os pormenores das diferentes dimensões das explorações no distrito de Solapur durante os dois períodos de tempo. Na maior parte da região, as superfícies das explorações de 5 a 10 hectares, 10 a 20 hectares e mais de 20 hectares e os agricultores diminuíram na região de estudo durante o período de estudo.

2.13. Utensílios agrícolas

As alfaias agrícolas desempenham um papel vital no aumento da produtividade da terra. Na irrigação em estudo predominam as alfaias tradicionais. No entanto, nas últimas três décadas e meia, registou-se um aumento substancial das alfaias mecânicas no distrito de Solapur.

Quadro 2.11
Implementos agrícolas

Sr	Utensílios agrícolas	1971	2005	Alterar
1	Arados			
	a)Madeira	12300	15037	+2737
	b)Ferro	34471	37180	+2709
2	Carrinhos	48972	35485	-13487
3	Máquinas agrícolas			
	a) Motores a óleo	12136	7464	-4672
	b)Bombas eléctricas	918	52366	+51448
	c)Trituradores de cana-de-açúcar	1314	1781	+467
	d)Tractores	229	3747	+3514

Ref: - Resumo socioeconómico do distrito de Solapur (1970-71 e 2004-05)

O quadro 2.11 mostra a utilização de instrumentos agrícolas em 1971 e 2005. A natureza da agricultura depende do desenvolvimento da agricultura, que é altamente influenciado pela precipitação ou pela situação da irrigação. Em 1971, foram utilizadas 12300 charruas de madeira e 34471 charruas de ferro, mas a quantidade destas charruas está a aumentar em 2005. A utilização de carroças diminuiu (13487 carroças) durante o período de inquérito devido à facilidade e rapidez dos outros meios de transporte disponíveis. Em 1971, os agricultores do distrito de Solapur utilizaram 12136 bombas de ferro, mas estas diminuíram (4672) devido ao aumento do preço dos óleos e ao aumento das facilidades das bombas eléctricas. O quadro mostra claramente que o número de bombas eléctricas (51448 bombas) aumentou durante o período de estudo. A capacidade de trabalho das bombas eléctricas é maior do que a dos motores a óleo, o que aumentou a área irrigada. A utilização de trituradores de cana-de-açúcar e de tractores aumentou consideravelmente no distrito de Solapur durante o período de estudo.

Para concluir, este capítulo apresentou a introdução, os antecedentes históricos, a localização, a situação e o sítio, as unidades administrativas, a estrutura física, a drenagem, o solo, o clima, a vegetação natural, os transportes e as comunicações, a situação demográfica, a dimensão da propriedade fundiária e as alfaias agrícolas na região de estudo. No capítulo seguinte, são apresentados os padrões de irrigação do distrito de Solapur.

REFRÊNCIAS

1. Agrawal K C [1986] Environmental Biology , Agro Botanical Publisher .pp 2-4

2. Agrawal, K. C. (1986): "Environmental Biology," Agro Botanical Publisher, Pp.2-4.

3. Awate, S. J. e Todkari, G. U. (2011): "Population growth in Solapur District of Maharashtra, A Geographical Analysis", Geoscience Resercch, Bioinfo pub. Vol. 2, Pp. 45-48.

4. Blecker, C.P. "Stages in population growth" Engenics Review, Vol,39 No.3,1947. pp. 88-102

5. Bose, A. "Population growth and the Industrialization. Urbanization Process in India. 1951-61", Men in India, 41,1961, pp.255-275

6. Cald Well, J.C. "Urban growth in Malaya : Trends and implication", population Review, 7,1963, pp,39-50

7. Censo da Índia de 1971, "Tabelas gerais da população" II-A. Maharashtra.

8. Chand M. e Puri [1983]; Regional Planning in India. Allied Publication Limited pp-38-44

9. Chand, M. e Puri J. (1983): "Regional Planning in India," Allied Publication Limited, Pp.38-44.

10. Chandna, R.C. "Growth of rural population in Rohtal and Gurgaon District (Haryana). 1951-61" Pubjab University research Bulletin (Arts) Vol.5 No.1 pp. 75-89.

11. Chandna,, R.C. "Population growth of Indias cities. 1901-71" Asian profile, Vol.4 No.1 1976S pp.35-53

12. Chang Jen Hu [1968] ; Climate and Agriculture ; An Ecological Survey .Aldine Publication comp.pp-135-145

13. Chang, Jen. (1968): "Climate and Agriculture: An Ecological Survey," Aldine Publication Company, Pp.135-145.

14. Chen, C, Population growth and Urbanization in China, 1953-1970 Geographical review, 63,1973, pp.55-72

15. Cook, R.C. "Human fertility: The Modern Dilemn" W Sloan Associates New York, 1951.

16. Das M M [1990] ; Agriculture Land use and cropping pattern in Assam Land Utilization and Management in India Editado por B. N. Mishra. N. Mishra. Pp -120-130.

17. Das, M. M. (1990): "Agriculture Land Use and Cropping Pattern in Assam Land Utilization and Management in India," Editado por N. Mishra, Pp.120-130.

18. Davis, Kingslay, "The world Demographic Transition" The Annals of the American Academy of Political and Social Science, 1945, p.1

19. Dayal, P.% Population growth and rural urban migration in India" National geographical journal of India 5,1959, pp.179-185.

20. Deshmukh, S. B. e Tawade, M. D. (1983): "Agricultural Planning For Heterogeneous Region," The Indian Geographical Journal, Vol. 2, Pp. 191-195.

21. Deshpande, C. D. (1971): "Geography of Maharashtra," National Book Trust, India, New Delhi.

22. Dhere A M e et al [2005] Estudos Ambientais, Phadake Prakashan, pp-1-4

23. Dixit, et. al. (2001): "Geography of Maharashtra," Rawat Publication, Pp.65.

24. Dr. Patil Y V [2002] ; Estudo Ambiental .pp-1-4

25. G. U. Todkari & S. J. Awate (2012): "A Geographical Analysis of Land use Efficiency in Solapur District (MS)," Latur Geographer, Vol.1, Pp.7-12.

26. Gosal.G.S. "Regional aspects of population growth in India" Pacific view point,Vol.3,1962, pp.88-99

27. Governo de Maharashtra: Socio-Economic Review and District Statistical Abstracts of Solapur District (1991 a 2005).

28. Hussein, M. (1999): "Systematic Agriculture Geography," Rawat Publication, Pp.83, 224, 248.

29. Jasbir Singh and S S Dillon [2004]; Agriculture Geography . Publicaço Tata MacDraw Hill pp41-99.

30. Karmarkar e et al [2000] ;Environmental Science ,pp2-4

31. Karshna A. Argo (1963): "climatology of Arid and Semiarid Zone, "Geo Revive India, p.20.

32. Kashid P B [2005] ; A agricultural Land Use in Solapur District ; A Geographical Analysis .M Phil dissertation submitted to Nanded University . Pp13-28.

33. Khatib, K. A. (1999): "Environmental Geography," Sanjog Publication, Pp.1-3.

34. Krishan Gopal, "The impact of population growth on rural housing geographical review of India, 40.1978 pp.138-143.

35. Misra, R.H. "Growth of population in Lower Ganga-Ghagra Doab", Indian ' Geographical Journal, Vol.LXV.1970 pp.27-39.
36. Mohammad Shafi [2006]; Geografia da Agricultura, Pearson Education, pp. 38-68

37. Mohammad, Shafi (2006): "Agriculture Geography," Pearson Education, Pp. 21, 38-68.

38. Noor, Mohammad & Moonis, Raza, (1992): "Agricultural Meteoro-logical Database and New Dimensions in Agriculture Geography", Concept Publishing Company, New Delhi, Vol. No-2, P.245.

39. Ohri V K [1988] ;Fator climático e conceço na agricultura .Anupama Publication .pp10-17

40. Ohri, V. K. (1988): "Climatic Fator and Design Making in Agriculture," Anupama Publication, Pp.10-17.

41. Pati, T. P. (1971) :Varibality of Rainfall and Agricultural Efficiency of Solapur District," Journal of Shivaji University, Vol. IV. Pp.102-107.

42. Patil P N [1986] ;Agriculture in Drought prone Area ;A Case Study of Solapur District . Dissertação de mestrado apresentada à Universidade Shivaji.

43. Patnaik, N.A. "Pattern of Inmigration in India's cities Geographical review of India, 50,1961, pp.16-23.

44. Peshave, et. al. (2004): "Environmental Study," Manjusha Publication, Pp.3-5.

45. Resumo sócio-económico do distrito de Solapur [1971-2005].

Capítulo -III
Padrão de irrigação

3.1.	**Introdução**
3.2.	**Conceito e definição de Irrigação**
3.3.	**Evolução da irrigação**
3.4.	**Necessidade de irrigação**
3.5.	**Mudanças na Área Irrigada por Tehsil**
3.6.	**Mudanças na área irrigada por cultura**
3.7.	**Fonte de irrigação**
3.8.	**Modo de irrigação**
	Currículo

3.1. Introdução

O presente capítulo tem como objetivo estudar a evolução da irrigação, a necessidade de irrigação, as mudanças na área irrigada ao nível do Tehsil e das culturas. Também são analisadas as fontes de irrigação no distrito de Solapur durante o período de 1971 a 2005. As fontes de irrigação em geral, o desenvolvimento das fontes de irrigação e as alterações registadas são também estudadas neste capítulo.

3.2. Conceito e definição de irrigação

A irrigação ocupa um lugar de importância primordial em qualquer estratégia para aumentar a produção agrícola. Com cerca de mais de um terço da sua área propensa a secas frequentes, o desenvolvimento da irrigação assume grande importância.

A irrigação é definida como a aplicação artificial de água no solo, com o objetivo de fornecer a água essencial para o crescimento das plantas. Esta alusão histórica enfatiza o facto de que a irrigação é o esforço do ser humano para substituir quaisquer deficiências na precipitação natural, com o objetivo de uma expansão constante da produção agrícola. É a aplicação artificial de água na terra ou no solo. É utilizada para ajudar no cultivo de culturas agrícolas, na manutenção de paisagens e na vegetação de solos perturbados em zonas secas e durante períodos de precipitação inadequada. Seguem-se as definições do termo "irrigação".

1. "Abastecer (terra seca) com água por meio de valas, canos ou riachos; regar artificialmente."

2. "Presume-se que a área seja irrigada para cultivo através de fontes como canais (governamentais e privados), tanques, poços tubulares, outros poços e outras fontes."

3. Kasinath Singh (2004): "Irrigação significa a aplicação de água por ação humana para ajudar o crescimento de culturas e relva."

4. "O fornecimento artificial de água na proporção adequada e no momento certo para fins agrícolas é chamado de Irrigação."

5. Contor (1967): "a irrigação é a aplicação artificial de água no solo para a produção de culturas. Tem sido, portanto, considerada como um dos componentes tecnológicos importantes da agricultura progressiva".

6. Andreae, (1975): "A aplicação artificial de água na terra para o cultivo de culturas é conhecida pelo termo irrigação. A rega artificial afecta toda a organização da exploração agrícola, aumentando a produção. No entanto,

a transformação depende parcial ou totalmente da natureza e do modo de irrigação. (poço, canal, elevador e tanque) que depende em grande parte das condições fisiográficas e climáticas de uma região".

7. Peter Wales: "A irrigação é um meio artificial de regar as culturas ou plantas ou uma arte de fornecer água à cultura."

8. Neel Mani P. Varma, (1993): "Irrigação é um termo lúcido, popularmente definido como a aplicação de água por seres humanos ou por máquinas no processo de produção agrícola".

3.3. Evolução da irrigação

A irrigação é um processo primordial no desenvolvimento da agricultura. Tem origem quando as culturas necessitam de uma necessidade artificial de água. A história da irrigação no mundo, na Índia e em Maharashtra, bem como na região de estudo, variou consoante o tempo e o lugar.

3.3. A. História do desenvolvimento da irrigação **no mundo**

A investigação arqueológica identificou indícios de irrigação na Mesopotâmia e no Egipto desde o sexto milénio a.C., onde a cevada era cultivada em zonas onde a precipitação natural era insuficiente para suportar tal cultura. No vale de 'Zana', na Cordilheira dos Andes, no Peru, os arqueólogos encontraram vestígios de três canais de irrigação datados por radiocarbono do 4º milénio a.C., do 3º milénio a.C. e do século IX d.C. Estes canais são o mais antigo registo de irrigação no Novo Mundo.

A civilização do Vale do Indo no Paquistão e no Norte da Índia (a partir de 2600 a.C.) também tinha um sistema de irrigação por canais. Praticava-se uma agricultura em grande escala e utilizava-se uma extensa rede de canais para efeitos de irrigação. Foram desenvolvidos sistemas sofisticados de irrigação e armazenamento, incluindo os reservatórios construídos em Girnar em 3000 a.C. Há provas de que o antigo faraó egípcio Amenemhet - III, da décima segunda dinastia (cerca de 1800 a.C.), utilizava o lago natural do Fayum como reservatório para armazenar os excedentes de água a utilizar durante as estações secas, uma vez que o lago inchava anualmente devido às cheias do Nilo.

Os Qanats, desenvolvidos na antiga Pérsia em cerca de 800 a.C., são dos mais antigos métodos de irrigação conhecidos e ainda utilizados atualmente. Encontram-se atualmente na Ásia, no Médio Oriente e no Norte de África. O sistema é constituído por uma rede de poços verticais e túneis ligeiramente inclinados, escavados nas encostas de penhascos e colinas íngremes, para extrair água subterrânea. A nora, uma roda de água com vasos de barro à volta do aro, movida pelo fluxo do rio (ou por animais quando a fonte de água estava parada), foi utilizada pela primeira vez por volta desta altura, pelos colonos romanos no Norte de África. Por volta de 150 a.C., os potes estavam equipados com válvulas para permitir um enchimento mais suave à medida que eram forçados a entrar na água. As obras de irrigação do antigo Sri Lanka, as mais antigas datando de cerca de 300 a.C., no reinado do rei Pandukabhaya, e em contínuo desenvolvimento durante os mil anos seguintes, constituíam um dos mais complexos sistemas de irrigação do mundo antigo. Para além dos canais subterrâneos, os cingaleses foram os primeiros a construir reservatórios totalmente artificiais para armazenar água. O sistema foi amplamente restaurado e alargado durante o reinado do rei Parakrama Bahu (1153 - 1186 d.C.).

Na região de Szechwan, na China antiga, o sistema de irrigação de Dujiangyan foi construído em 250 a.C. para irrigar uma grande área e ainda hoje fornece água. Na Coreia do século XV, foi descoberto, em 1441 d.C., o primeiro contador de água do mundo (woo ryang gyae). O inventor foi Jang Young Sil, um engenheiro coreano da dinastia Choson, sob a direção ativa do rei Se Jong. Foi instalado em tanques de irrigação como parte de um sistema nacional de medição e recolha da precipitação para aplicações agrícolas. Com este instrumento, os planeadores e os agricultores podiam utilizar melhor a informação recolhida no inquérito.

3.3. B. História do desenvolvimento da irrigação na Índia

O Ministério dos Recursos Hídricos (Governo da Índia), no seu sítio Web, explica sucintamente a história do desenvolvimento da irrigação na Índia, que pode ser rastreada até aos tempos pré-históricos. Os Vedas, os antigos escritores indianos e as antigas escrituras indianas fazem referências a poços, canais, tanques e barragens. Estas tecnologias de irrigação assumiam a forma de pequenas obras, que podiam ser utilizadas por pequenos agregados familiares para irrigar pequenas parcelas de terra.

No sul, a irrigação perene pode ter começado com a construção do Grande Antigo pelos Cholas, já no século II, para fornecer irrigação a partir do rio Cauvery. Toda a paisagem do centro e do sul da Índia é estudada com numerosos tanques de irrigação que remontam a muitos séculos antes do início da era cristã. No norte da Índia, existem também vários pequenos canais nos vales superiores dos rios, que são muito antigos.

Atribui-se a Ghiyasuddin Tughluq (1220-1250) o mérito de ter sido o primeiro governante a incentivar a escavação de canais. Fruz Tughlug (1351-86) é considerado o maior construtor de canais. Diz-se que a irrigação foi uma das principais razões para o crescimento e expansão do Império Vijayanagar no sul da Índia no século XV. Babur, nas suas memórias intituladas "Baburnamah", descreveu de forma diferente as práticas de irrigação prevalecentes na Índia nessa altura. Os feixes de Gabar capturavam e armazenavam o escoamento anual das montanhas circundantes para serem disponibilizados às áreas de cultivo.

No final do século XIX, de acordo com as fontes de irrigação, os canais irrigavam 45 %, os poços 35 %, os tanques 15 % e outras fontes 5 %. As fomes de 1897-98 e 1899-1900 obrigaram os britânicos a nomear a primeira comissão de irrigação em 1901, especialmente para elaborar um relatório sobre a irrigação como meio de proteção contra a fome na Índia. Em resultado das recomendações da primeira comissão de irrigação, a área total irrigada por obras públicas e privadas aumentou para 16 milhões de hectares em 1921. Desde o início do século XIX até 1921, não se registou um aumento significativo da área irrigada por poços tubulares. Entre 1910 e 1950, a taxa de crescimento da irrigação foi estimada em 2,0% ao ano para a irrigação por canal público, 0,54% ao ano para a irrigação por poço e 0,98% ao ano para a irrigação de todas as fontes.

Atualmente, com quase um quinto da área líquida irrigada do mundo (57 milhões de hectare), a Índia tem a maior área irrigada do mundo. O potencial de irrigação final da Índia foi estimado em 139,9 milhões de hectare, dos quais 58,46 milhões de hectare através de grandes e médios sistemas de irrigação e 81,43 milhões de hectare através de pequenos sistemas de irrigação. Recentemente, foram também tomadas algumas medidas positivas para a transferência de água entre bacias, há muito esperada, com o objetivo de acrescentar 35 milhões de hectares à área irrigada da Índia. A execução dos regimes de ligação de transferência de água entre bacias hidrográficas é efectuada de forma faseada, em função das prioridades do Governo. As ligações, nomeadamente: i) ligação Ken-Betwa, ii) ligação Parbati-Kalisindh-Chambal, iii) ligação Godavari (Polavaram) - Krishna (Vijayawada), iv) ligação Damanganga-Pinjal e v) ligação Par-Tapi-Narmada, foram identificadas como ligações prioritárias para a obtenção de um consenso entre os Estados em causa, tendo em vista a preparação de relatórios de projeto pormenorizados (DPR).

3.3. C. História do desenvolvimento da irrigação em Maharashtra

O Estado linguístico de Maharashtra foi politicamente criado em 1st de maio de 1960 como consequência tardia dos regimes de reorganização do Estado do Governo da Índia. Ocupando uma posição mais ou menos central na República da Índia, Maharashtra é um dos maiores Estados, tanto em termos de população como de área. A área geográfica total do Estado é de 307,58 hectares e a área semeada líquida é de 179,11 hectares (58,23% da área geográfica). A área cultivada bruta no Estado ascende a 236,87 hectares e a percentagem da área irrigada bruta em relação à área cultivada bruta é de 22,23% no final do ano 2004-05. De acordo com o recenseamento da população de 2001, a população total do Estado era de 96879000, dos quais 57,57% vivem em zonas rurais e os restantes 42,43% em zonas urbanas. Em Maharashtra, as possibilidades de aumento da área cultivada são muito limitadas. As condições agro-climáticas do estado são favoráveis à maximização dos rendimentos através da irrigação.

A principal caraterística do Estado é o facto de a agricultura continuar a ser a principal fonte de rendimento do Estado. O Estado de Maharashtra está situado numa zona de precipitação relativamente baixa e cerca de 33% da sua área é propensa à seca. A precipitação no Estado varia entre 800 cm e 50 cm (principalmente na zona propensa à seca). Os dias de chuva são 45 por ano. A falta de chuva adequada sublinha a necessidade de irrigação. A cultura e a história da irrigação indicam que a civilização no Estado se desenvolveu nas margens do Godavari, do Krishna, do Bhima, do Tapi, do Wainganga, do Painganga, etc. Tal como no país, a agricultura no Estado é uma aposta na monção, porque a precipitação da monção é irregular, desigualmente distribuída e cerca de 33% da população do Estado de Maharashtra sofre de escassez.

Durante o período de pré-independência, o governo britânico nomeou a Comissão da Fome em 1880 e a comissão informou que o governo deveria adotar programas de irrigação de proteção. Ao mesmo tempo, a comissão era de opinião que o governo deveria dar prioridade aos projectos de irrigação. Mas devido a alguns problemas, os projectos de irrigação foram negligenciados. Em 1901, a fome era intolerável, pelo que o governo nomeou uma comissão de irrigação nesse mesmo ano. Esta comissão declarou que os agricultores deviam cavar mais poços e que, quando tal não fosse possível, só o governo devia empreender projectos de irrigação. Para sugerir medidas destinadas a resolver o problema da água na zona afetada pela fome, o governo de Bombaim nomeou Shri F.H. Bill. Este recomendou que o governo sancionasse os projectos de irrigação de Pravara, Bhandardara e Girna.

Os esforços para o desenvolvimento da irrigação no Estado começaram desde a formação do Estado de Maharashtra em 1960. O governo de Maharashtra nomeou uma comissão de irrigação estatal. Esta comissão efectuou um estudo exaustivo do potencial de irrigação no estado e apresentou o seu relatório ao governo em 1962. A comissão esperava que cerca de 30% da área pudesse ser irrigada com água do rio e após a conclusão de todos os projectos de irrigação maiores, médios e menores propostos. Com base nas recomendações da primeira comissão de irrigação, foram construídos vários novos canais de irrigação, nomeadamente o canal Godavari e o canal da margem esquerda de Girna, bem como os respectivos canais de distribuição. Simultaneamente, foram efectuados trabalhos de remodelação, melhoramento e alargamento dos canais de Pravara e Nira. Durante as duas primeiras décadas do século, foi escavado um grande número de tanques na região de Vidharbha, que fazia parte da província central do leste. O tanque de Ramtek, no distrito de Nagpur, o tanque de Chandrapur, Khairbhanda, Chol Khamara e Bodulkasa, no distrito de Chandrapur, foram escavados durante este período.

3.3. D. História da irrigação no distrito de Solapur

Desenvolvimento da irrigação no distrito de Solapur: a área total irrigada corresponde a 7,47% da área irrigada do Estado em 2004/05. Esta área irrigada é de 1,3 lakh hectors em 1960, o que representa apenas 10,60% da área líquida semeada. Neste período, a tecnologia de irrigação não era satisfatória, o que significa que não existiam conjuntos de bombas eléctricas ou motores a diesel na irrigação de poços e tanques. Os canais e os poços não eram utilizados para irrigação. Após a revolução verde, a área irrigada aumentou tremendamente, ou seja, em 1980, a área irrigada era de 1,8 lakh hectors, o que contribuía com 14,71% para a área líquida semeada. Atingiu 2,5 lakh hectors em 2000 e cobre 30% da superfície líquida semeada. Depois disso, a área de irrigação e a sua percentagem na área semeada líquida diminuíram devido à diminuição da precipitação média da região, à ausência de eletricidade durante mais tempo, à descida contínua do nível da superfície da água e à falta de planeamento da utilização da irrigação pelos agricultores.

3.4. Necessidade de irrigação

A precipitação no distrito de Solapur depende da monção. A precipitação pode controlar a nossa agricultura. Mas diz-se que o distrito de Solapur é "o jogo da monção", uma vez que as chuvas da monção são desiguais, incertas, irregulares e desiguais ou desiguais. Por conseguinte, a irrigação é essencial para a agricultura no distrito de Solapur. As razões principais da irrigação no distrito de Solapur são as seguintes

1. Cerca de 80 por cento da precipitação anual total do distrito de Solapur ocorre em quatro meses, ou seja, de meados de junho a meados de outubro. Por conseguinte, é essencial fornecer água para a produção de culturas durante os restantes oito meses.

2. A monção é incerta. Assim, a irrigação é necessária para proteger as culturas da seca resultante da incerteza das chuvas.

3. Não chove de igual modo em todas as regiões do país. Por isso, a irrigação é necessária para a agricultura em zonas de menor pluviosidade.

4. Os solos de algumas zonas são pouco profundos. Os solos pouco profundos não conseguem reter a água como os solos aluviais e negros. É por isso que a irrigação é essencial para a agricultura em zonas com solos pouco profundos e médios.

5. A precipitação desce muito rapidamente ao longo da encosta. Por isso, a irrigação é essencial para as culturas nestas zonas.

6. A Índia é um país agrícola e populoso. Cerca de 80% da população total depende da agricultura. A fim de produzir culturas alimentares e produtos agrícolas em grandes quantidades para alimentar os milhões de pessoas em crescimento, é essencial uma agricultura intensiva e a rotação de culturas. A irrigação extensiva é, por conseguinte, necessária para aumentar a produção.

Necessidade de irrigação no distrito de Solapur

A irrigação é essencial para o sucesso da agricultura, particularmente na área onde a precipitação é inadequada, incerta e imprevisível. A irrigação é necessária na agricultura tradicional para superar as secas e a escassez de chuvas. Constitui um dos meios técnicos mais eficazes para aumentar a produção agrícola nos países em desenvolvimento. Nos locais onde a irrigação por gravidade é possível, grande parte do trabalho de instalação das instalações pode ser realizado por mão de obra manual, o que representa uma vantagem económica óbvia, mesmo em países com um nível salarial muito baixo, que estão a utilizar ajudas técnicas nos trabalhos de construção e de terraplanagem onde a água é necessária. A força da gravidade pode ser levada para a terra a ser irrigada lentamente, é necessário usar a instalação de bombeamento. A fonte de energia mecânica aumentou consideravelmente a eficiência da bombagem de água e alargou a utilização da irrigação. É possível utilizar água subterrânea localizada a uma profundidade considerável e, com a ajuda de um sistema de aspersão, levar a irrigação a áreas que, de outra forma, não poderiam ser cultivadas, exceto a um custo economicamente elevado. Existe ainda um campo potencial muito vasto para o desenvolvimento deste sistema. É identificado como um fator decisivo na agricultura indiana devido à elevada variabilidade e inadequação da precipitação.

A irrigação tem desempenhado um papel importante na transformação das culturas e na obtenção de melhores rendimentos. Existem vários outros tipos de irrigação, como a irrigação em poços, rios, tanques e canais, etc. Mas há factores adicionais, como a localização, a topografia, o aspeto geológico e a altura, a área de colinas, dependendo de vários elementos. Na região em estudo, são praticados principalmente dois tipos de irrigação, nomeadamente a irrigação por poço e por canal. Para o presente inquérito, o distrito é selecionado em geral e os tehsils em particular. More K. S. e Mustafa R. R. (1984) sugeriram um método estatístico simples que é utilizado para calcular as necessidades de irrigação no distrito de Solapur no presente estudo. Para avaliar as necessidades de irrigação, foi adoptada a seguinte fórmula

$$\text{Need of irrigation} = \frac{Pr \times Ar}{R}$$

Onde_ Pr = Percentagem da população rural numa unidade geográfica
      Ar = Percentagem de área cultivada numa unidade de área
      R = Precipitação média anual

$$\text{Need of Irrigation} = \frac{Pr \times Ac}{R}$$

Existem desequilíbrios nas necessidades de irrigação no distrito de Solapur. A necessidade de irrigação no distrito de Solapur é de 8,46. A maior necessidade de irrigação é observada no tehsil de Malshiras (13,88) e a menor no tehsil de North Solapur (01,10). Este coeficiente de necessidade de irrigação divide-se em três grupos.

Quadro - 3.1
Distrito de Solapur: Coeficiente de irrigação

N. o Sr.	Taluka	Percentagem da população rural	Percentagem da área cultivada	Precipitação média anual (mm)	Coeficiente
1	Karmala	90.60	74.24	503	13.37
2	Madha	92.21	71.23	519	12.65
3	Barshi	69.25	80.82	595	9.40
4	N Solapur	9.19	74.23	617	1.10
5	Mohol	100	69.17	574	12.05
6	Pandharpur	77.30	82.14	523	12.14
7	Malshiras	100	58.58	422	13.88
8	Sangola	89.66	40.40	462	7.84
9	Mangalwedha	87.32	58.75	520	9.86
10	S Solapur	100	76.71	617	12.43
11	Akkalkot	78.58	64.81	643	7.92
	Distrito	68.17	67.65	545	8.46

Fonte: 1. Resumo socioeconómico do distrito de Solapur 2004-05.
2. Compilado pelo investigador

Tabela-3.2
Distrito de Solapur: Necessidade de irrigação

Necessidade de irrigação	Número de tehsil	Nome do tehsil
Elevado (superior a 10)	06	Karmala, Madha, Mohol, Pandharpur, Malshiras, South Solapur
Moderado (05 a 10)	04	Barshi, Sangola, Akkalkot, Mangalwedha
Baixo (inferior a 05)	01	Solapur do Norte

Fonte: Compilado pelo Investigador

1. **Necessidade elevada de irrigação:** O valor do tehsil acima de 10 é chamado de alta necessidade de irrigação na região de estudo. Os sete tehsils da região de estudo têm uma elevada necessidade de irrigação. Estes tehsils são Karamala, Madha, Mohol, Pandharpur, Malshiras e South Solapur.

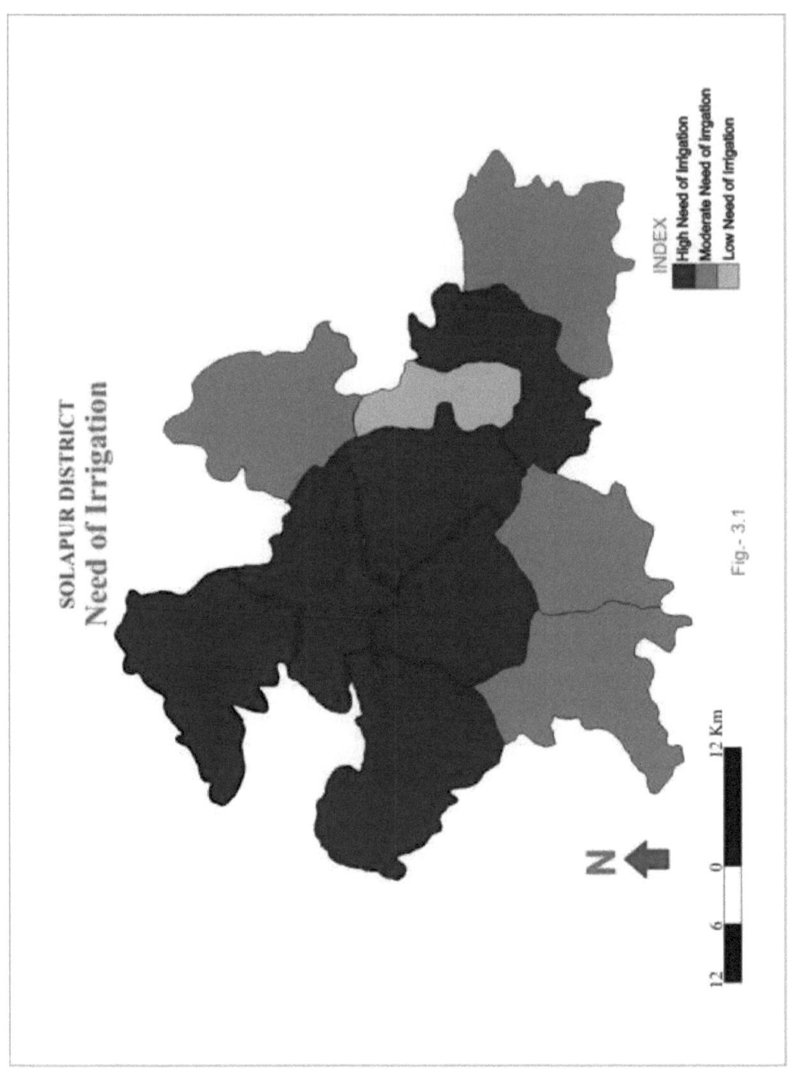

Sugere-se que o ambiente natural é desfavorável para a agricultura, o que significa que é essencial fornecer instalações de irrigação para uma melhor agricultura.

2. **Necessidade moderada de irrigação:** A necessidade moderada de irrigação é observada em quatro tehsil, ou seja, Sangola, Mangalwedha,

Barshi e Akkalkot. A precipitação média em Sangola e Akkalkot é baixa, mas a área agrícola é baixa devido ao enorme pousio em comparação com outros tehsil do distrito.

3. **Baixa necessidade de irrigação:** A necessidade de irrigação é baixa em North Solapur. Isto deve-se ao facto de haver muito pouca população a viver na zona rural. A sede do distrito de Solapur situa-se neste tehsil, razão pela qual a necessidade de irrigação é baixa de acordo com esta fórmula.

3.5. Mudanças na Área Irrigada por Tehsil

A tabela 3.3 e a figura 3.2 do distrito de Solapur mostram as mudanças na área irrigada de acordo com o Tehsil para o período de 1971 a 2005. São também calculadas as alterações relativas à percentagem de terras irrigadas em relação ao total de terras agrícolas. Em geral, no distrito de Solapur, a área irrigada aumentou 145974 hectares (15,71% das terras agrícolas) durante o período de 1971 a 2005. As alterações espácio-temporais da área irrigada ao nível do Tehsil são desiguais.

Tabela 3-3
Distrito de Solapur: Mudanças na área irrigada por Tehsil (área em Hect.)

N o Sr .	Tehsil	1971		2005		Alterar	
		Área irrigada	% para Agri. Terras	Área irrigada	% para Agri. Terras	Área irrigada	% para Agri. Terras
1	Karamala	8059	6.73	25506	21.52	+17447	+14.79
2	Madha	12544	9.36	28020	25.77	+15476	+16.41
3	Barshi	12319	11.43	35193	28.58	+22874	+17.15
4	N Solapur	5444	10.04	13476	26.58	+8032	+16.54
5	Mohol	11023	10.27	15777	17.32	+4754	+7.05
6	Pandharpur	13254	13.83	26654	25.07	+1300	+11.24
7	Malshiras	34274	36.81	31527	33.46	-2747	-3.35
8	Sangola	14369	15.07	31253	48.52	+16884	+33.45
9	Mangalwedha	8235	9.13	32281	48.10	+24046	+38.97

1 0	S Solapur	9870	10.4 6	21277	23.22	+11407	+12.76
1 1	Akkalkot	10609	8.90	25029	27.56	+14420	+18.66
	Distrito	14000 0	12.7 0	28597 4	28.41	+145974	+ 15.71

Fonte: Resumo Socioeconómico do Distrito de Solapur 1971 & 2005

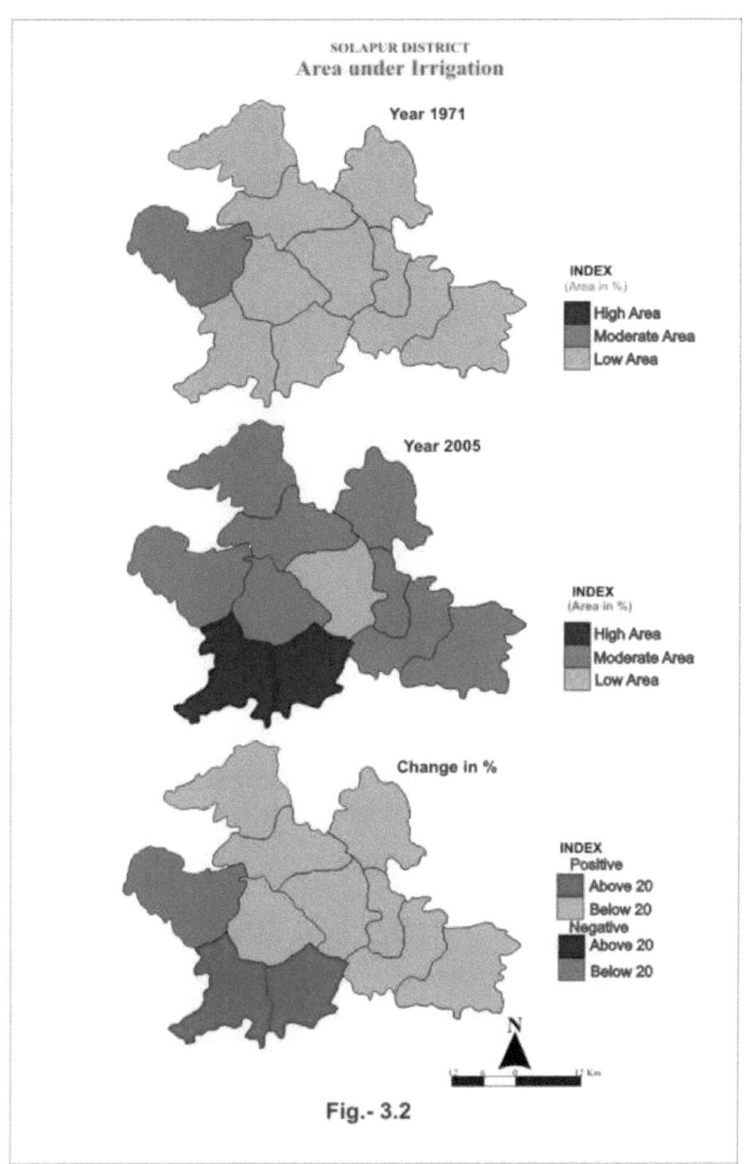

Fig.- 3.2

1. Karamala Tehsil

Este tehsil está situado no lado norte do distrito de Solapur. A área irrigada é de 8059 hectares, o que corresponde a 6,73% das terras agrícolas em 1971. Após trinta e cinco anos, a área irrigada aumentou tremendamente (17447 hectares) devido

65

ao aumento dos poços tubulares, da barragem de Sina Kolegaon, da barragem de Mangi, da água de retorno de Ujani e do projeto Kukadi, 25506 hectares, o que constitui 21,52% das terras agrícolas.

2. Madha Tehsil

Madha situa-se no lado norte do tehsil de Pandharpur. A topografia deste tehsil é irregular e desfavorável às instalações de irrigação. A área total irrigada do tehsil de Madha era de 12544 hectares (9,36%) em 1971. Após o desenvolvimento da barragem de Ujani, o canal conjunto de Bhima Sina, o açude K.T. nos rios Sina, o C.C.T. (*Bandhare*), projetos menores e tanques de percolação, etc., são responsáveis pelo aumento da área irrigada. No entanto, em 2005, a área irrigada atingiu cerca de 28020 hectares (25,77%). A área de irrigação aumentou sobretudo nos últimos quinze anos.

3. Barshi Tehsil

O tehsil de Barshi está situado na parte nordeste do distrito de Solapur. A barragem de Hingani, a barragem de Jawalgaon e os projectos de irrigação médios de Pimpalgaon fornecem água para irrigação no distrito de Barshi. Em 1971, existiam apenas três projectos de irrigação menores, mas em 2005 existiam 18 projectos de irrigação menores disponíveis para irrigação. A grande quantidade de tanques de percolação, o açude KT no rio Bhogawati e os poços tubulares são as principais fontes de irrigação no tehsil de Barshi. A área irrigada é de 12319 hectares (11,43% das terras agrícolas), tendo sido atingida em 35193 hectares (28,58% das terras agrícolas) no tehsil de Barshi durante o período de estudo.

4. Tehsil de Solapur Norte

A área irrigada era de 5440 hectares em 1971, tendo atingido 13476 hectares em 2005. Isto deveu-se ao aumento do número de poços tubulares, tanques de percolação, rio Sina, canal da barragem de Ujani, etc. Após a construção do canal conjunto Sina-Bhima, a área irrigada aumentou rapidamente. A barragem de Ekrukh, uma barragem de aterro no rio Adela, no norte do tehsil de Solapur, fornece água para irrigação.

5. Mohol Tehsil

Mohol está situado na parte central do distrito de Solapur. O projeto médio Astti, o canal esquerdo Ujani e o rio Sina são a principal fonte de irrigação no tehsil de Mohol. O número máximo de tanques de percolação (331) foi construído em Mohol tehsil. Foram construídos 10 açudes K.T. no rio Sina, que fornecem água para irrigação. É por isso que a área de irrigação aumentou 4754 hectares durante o período estudado.

6. Tehsil de Pandharpur

Pandharpur é um tehsil irrigado bem desenvolvido no distrito de Solapur porque o rio Bhima corre neste tehsil. Em 1971, a área irrigada era de 13254 hectares (13,82% das terras agrícolas), tendo aumentado rapidamente em 2005, ou seja, 26654 hectares (25,07% das terras agrícolas). Este crescimento deve-se à construção do açude K.T. no rio Bhima, do canal da margem direita de Ujani, do canal da margem direita de Nira, do aumento do número de poços tubulares, etc.

7. Malshiras Tehsil

O tehsil de Malshiras está situado na parte ocidental do distrito de Solapur. A área irrigada no tehsil de Malshiras era de 34274 hectares em 1971 e de 31527 hectares em 2005. A maior área irrigada por este tehsil no distrito de Solapur é assegurada por várias fontes de irrigação. Entre elas, o canal da margem direita de Nira, o açude 20 K.T., o canal da margem direita de Uajani, a escavação abundante de poços e poços tubulares. No entanto, a área irrigada diminuiu cerca de 2747 hectares. A principal razão para a diminuição da área irrigada é o facto de os terrenos terem sido ocupados por indústrias e povoações e, em segundo lugar, o facto de os terrenos da Maharashtra State Agricultural Developmental Corporation estarem em pousio desde há 10 anos.

8. Sangola Tehsil

O tehsil de Sangola situa-se na parte sudoeste do distrito de Solapur e é também conhecido como o tehsil da zona mais seca do estado de Maharashtra. A área irrigada era de 14369 hectares em 1971 (15,07 % das terras agrícolas), tendo aumentado em 2005 para 31253 hectares (48,52 % das terras agrícolas). Os rios sazonais Man, Belwan, Korada e Apruka correm neste tehsil. Nas últimas duas décadas, a área de irrigação aumentou muito devido ao crescimento da área de fruticultura, que utiliza mais o sistema de irrigação por gotejamento. Este sistema requer um mínimo de água para as plantas e é por isso que a área de irrigação está a crescer. O número de poços e poços tubulares, o projeto de irrigação média de Bhudhyal e os pequenos tanques de percolação são fontes de irrigação neste tehsil. Os novos tanques de armazenamento de água das explorações agrícolas também são úteis para a irrigação.

9. Mangalwedha Tehsil

O tehsil de Mangalwedha está situado na parte média sul do distrito de Solapur. A parte oriental deste tehsil é constituída por solos negros e planos e o rio Bhima corre nesta zona. Por este motivo, a área irrigada situa-se mais perto da margem do rio Bhima. A parte ocidental deste tehsil é topograficamente irregular e totalmente seca. A área irrigada era de 8235 hectares em 1971, o que representa 9,13% do total das terras agrícolas. Após trinta e cinco anos, a área irrigada aumentou muito (32281 hectares) e representa 48,10% do total de terras agrícolas. Isto deve-se ao açude K.T. no rio Bhima e Man, ao canal da margem direita de Ujani, à irrigação por elevação de agricultores individuais no rio Bhima, etc.

10. Tehsil de Solapur Sul

A área irrigada em South Solapur era de 9870 hectares (10,46% das terras agrícolas) em 1971. No entanto, a área irrigada em 2005 é de 21277 hectares, o que corresponde a 23,22% do total das terras agrícolas. O rio Sina, o rio Bhima e 11 açudes K.T., poços tubulares e 79 tanques de percolação são as principais fontes de irrigação.

11. Tehsil de Akkalkot

O tehsil de Akkalkot está situado na parte oriental do distrito de Solapur. É um tehsil de tanque bem conhecido no distrito de Solapur. A área irrigada em 1971 era de 10609 hectares (8,90 % das terras agrícolas), tendo aumentado para cerca de 25029 hectares em 2005, o que constitui 27,56 % das terras agrícolas. As principais fontes de irrigação no tehsil de Akkalkot são o rio Bori, a barragem de Bori, 13 açudes K.T., 16 projectos menores e 67 tanques de percolação, muitos poços tubulares e poços.

3.6. Área irrigada por cultura

A irrigação tem desempenhado um papel vital no padrão de cultivo em áreas propensas à seca. Após o desenvolvimento da irrigação, verificou-se uma transformação da agricultura. Depois de 1971, a irrigação tem vindo a aumentar continuamente. No entanto, a área cultivada com irrigação é desigual. Depende do tipo de cultura, do mercado de produção agrícola, das condições climáticas exigidas pela cultura, da atitude dos agricultores em relação à agricultura, etc.

1. Jawar

A Jawar é cultivada principalmente entre outubro e março nos solos negros profundos e húmidos do distrito de Solapur. É cultivada em solos argilosos a argilosos, onde a necessidade de irrigação é baixa, e em solos mais leves, onde a necessidade de irrigação é maior. A área irrigada era de 53300 hectares (8,48%) em 1971, tendo aumentado em 2005, ou seja, 60500 hectares (8,98%). Em 2005, a maior área irrigada era de 7800 hectares em Malshiras taluka e a menor área irrigada em Mohol tehsil (3200 hectares). A área irrigada aumentou em sete tehsils e diminuiu em três tehsil. A maior área irrigada aumentou em Karamala (4300 hectares) e diminuiu no tehsil de Malshiras (3400 hectares).

2. **Bajara**

O Bajara é sobretudo cultivado como uma cultura da estação das chuvas em condições de sequeiro. A Bajara é preferida quando a precipitação é inadequada, no entanto, a Bajara responde bem à aplicação de irrigações suplementares. A área irrigada da cultura de Bajara era de 6500 hectares (4,88%), tendo diminuído em 2005, ou seja, 3600 hectares (14,49%). Atualmente, em 2005, a área irrigada é de cerca de 400 hectares em sete tehsils do distrito de Solapur. Durante o período de inquérito, a área irrigada aumentou em pequena escala em Madha, Barshi, Mangalwedha, Akkalkot, South Solapur e North Solapur, tendo diminuído na parte restante do distrito de Solapur, especialmente no tehsil de Malshiras, onde se registou uma diminuição de 3200 hectolitros (12,95%).

Quadro -3.4
Distrito de Solapur: Área cultivada sob irrigação (área em 00 Hect.)

S	Name of Tahsil	Crops	Jawar		Bajara		Maize		Wheat		Tur	
			Area	%	Area	%	Area	%	Area	%	Area	%
1	Karmala	1970-71	29	4.04	08	5.47	12	85.71	13	40.62	16	34.04
		2004-05	72	8.44	04	12.50	10	24.62	29	100	00	0.00
		Change	+43	+4.40	-04	+7.03	-02	-61.09	+16	+59.38	-16	-34.04
2	Madha	1970-71	54	6.81	-	-	17	94.44	18	66.66	12	25.00
		2004-05	60	7.58	04	16.68	02	11.28	46	65.72	00	0.00
		Change	+06	+0.77	+04	+16.68	-15	-83.16	+28	-0.94	-12	-25.00
3	Barshi	1970-71	84	12.40	-	-	01	12.50	13	48.14	08	12.30
		2004-05	67	7.91	04	33.04	09	35.52	20	43.19	00	0.00
		Change	-17	-4.49	+04	+33.04	+8	+23.02	+07	-4.95	-08	-12.30
4	North Solapur	1970-71	21	7.26	-	-	02	50.00	05	41.66	07	9.21
		2004-05	37	10.24	01	10.52	02	12.00	29	95.66	00	0.00
		Change	+16	+2.98	+01	+10.52	00	-38.00	+24	+54.00	-07	-9.21
5	Mohol	1970-71	31	4.74	00	0.00	06	24.00	17	68.00	04	5.55
		2004-05	32	4.85	01	17.02	03	12.24	43	85.14	00	0.00
		Change	+01	+0.11	+01	+17.02	-03	-11.76	+26	+17.14	-04	-5.55
6	Pandhar pur	1970-71	39	5.84	06	6.45	08	80.00	16	84.21	03	33.33
		2004-05	58	8.88	04	33.57	18	46.30	60	79.37	00	0.00
		Change	+19	+3.04	-02	+27.12	+10	-33.70	+44	-4.94	-03	-33.33
7	Malshiras	1970-71	112	22	36	21.95	06	85.71	30	93.75	03	27.27
		2004-05	78	14.74	04	9.00	08	36.95	46	74.24	00	0.00
		Change	-34	-7.26	-32	-12.95	+02	-48.76	+16	-19.51	-03	-27.27
8	Sangola	1970-71	71	13.37	14	4.02	06	85.71	17	100	01	20.00
		2004-05	42	11.78	04	9.73	15	15.26	13	67.42	00	0.00
		Change	-21	-1.59	-10	+5.71	+09	-70.45	-04	-32.58	-01	-20.00
9	Mangal wedha	1970-71	13	2.90	01	0.38	02	40.00	11	47.82	02	25.00
		2004-05	38	10.39	04	8.80	15	48.16	14	58.71	00	0.00
		Change	+25	+7.49	+03	+8.42	+13	-8.16	+03	+10.89	-02	-25.00
10	South Solapur	1970-71	-	7.64	-	-	01	16.66	05	20.83	08	14.81
		2004-05	61	9.04	02	26.75	02	17.0	41	71.87	00	0.00
		Change	37	+2.90	+02	+26.75	+01	+0.41	+36	+51.04	-08	-14.81
11	Akkalkot	1970-71	42	8.15	-	-	01	20.00	09	27.27	26	18.43
		2004-05	60	9.35	04	29.96	02	14.48	20	95.31	00	0.00
		Change	+18	+1.20	+04	+29.96	+01	-5.52	+11	+68.04	-26	-18.43
	District	1970-71	533	8.48	65	4.88	62	56.88	154	57.89	90	16.69
		2004-05	605	8.98	36	14.49	86	31.87	361	75.57	00	0.00
		Change	+72	+0.50	-29	-9.61	+24	-25.01	+207	+17.68	-90	-16.69

As tabelas continuam. ....

70

S	Name of Tahsil	Crops	Gram		Moog		Sugarcane		Fruit		Groundnut		Safflowers	
			Area	%	Area	%	Area	%	Area	%	Area	%	Area	%
1	Karmala	1970-71	-	-	07	35.00	03	100	02	100	01	3.22	22	15.94
		2004-05	07	28.65	00	0.00	41	89.13	44	86.27	06	60.00	06	17.14
		Change	+07	+28.65	-07	-35.00	+38	-10.87	+42	-13.73	+05	+56.78	-16	+1.20
2	Madha	1970-71	-	-	04	44.44	06	75	04	66.66	02	4.00	15	15.15
		2004-05	08	24.45	00	0.00	39	88.63	46	97.87	06	85.71	16	64.00
		Change	+08	+24.45	-04	-44.44	+33	+13.63	+42	+31.21	+04	+81.71	+01	+48.85
3	Barshi	1970-71	-	-	05	27.77	07	100	05	71.42	-	-	08	42.10
		2004-05	31	64.43	00	0.00	63	80.76	49	96.07	07	87.50	26	55.31
		Change	+31	+64.43	-05	-27.77	+59	-19.24	+44	24.65	+07	+87.50	+18	+13.21
4	North Solapur	1970-71	00	-	01	50.00	10	100	06	66.66	02	3.92	06	60.00
		2004-05	01	6.33	00	0.00	18	64.28	19	54.28	01	20.00	03	30.00
		Change	+01	+6.33	-01	-50.00	+08	-35.72	+13	-12.38	-01	+16.08	-03	-30.00
5	Mohol	1970-71	05	22.72	01	50.00	07	100	17	89.47	02	5.55	07	17.07
		2004-05	02	8.25	00	0.00	22	44.89	20	66.66	01	25.00	04	19.04
		Change	-03	-14.47	-01	-50.00	+15	-55.11	+03	-22.81	-01	+19.45	-03	+1.97
6	Pandhar	1970-71	06	19.35	01	100	12	100	06	100	18	94.73	08	17.39
		2004-05	09	22.06	00	0.00	46	55.42	45	83.33	02	66.66	01	3.57
		Change	+03	+2.71	-01	-100	+34	-44.58	+39	-16.67	-16	-28.07	-07	-13.82
7	Malshiras	1970-71	13	68.42	02	50.00	67	100	06	85.71	17	89.47	04	17.39
		2004-05	12	33.55	00	0.00	49	49.00	63	86.30	05	71.42	01	2.63
		Change	-01	-34.87	-02	-50.00	-18	-51.00	+57	+0.59	-12	-18.05	-03	-14.76
8	Sangola	1970-71	02	28.57	01	100	04	100	01	100	05	100	01	100
		2004-05	01	3.18	00	0.00	34	91.89	34	39.06	04	66.66	01	3.12
		Change	-01	-25.39	-01	-100	+30	-8.11	+33	-60.94	-01	-33.34	00	-96.88
9	Mangal	1970-71	07	24.13	01	100	03	100	03	100	05	31.25	03	10.00
		2004-05	03	16.23	00	0.00	61	100	34	77.27	01	33.33	10	26.31
		Change	-04	-7.90	-01	-100	+58	0.00	+31	-22.73	-04	+2.08	+07	+16.31
10	South Solapur	1970-71	-	-	01	16.66	04	50	05	100	02	1.71	02	8.00
		2004-05	09	35.29	00	0.00	29	80.55	13	32.50	02	100	18	50.00
		Change	+09	+35.29	-01	-16.66	+25	+30.55	+08	-67.50	00	+98.29	+16	+42.00
11	Akkalkot	1970-71	-	-	01	20.00	14	100	16	84.21	01	0.38	02	7.40
		2004-05	19	71.12	00	0.00	87	91.57	21	95.45	01	25.00	18	48.64
		Change	+19	+71.12	-01	-20.00	+73	-8.43	+05	+11.24	00	+24.62	+16	+41.24
	District	1970-71	33	13.04	25	36.23	139	97.20	71	85.52	55	7.21	78	16.99
		2004-05	102	31.96	00	0.00	493	75.03	388	79.18	36	61.01	104	29.97
		Change	+69	+18.92	-25	-36.23	+354	-22.17	+317	-6.34	-19	+53.80	+26	+12.98

Fonte: Resumo socioeconómico do distrito de Solapur 1971 & 2005

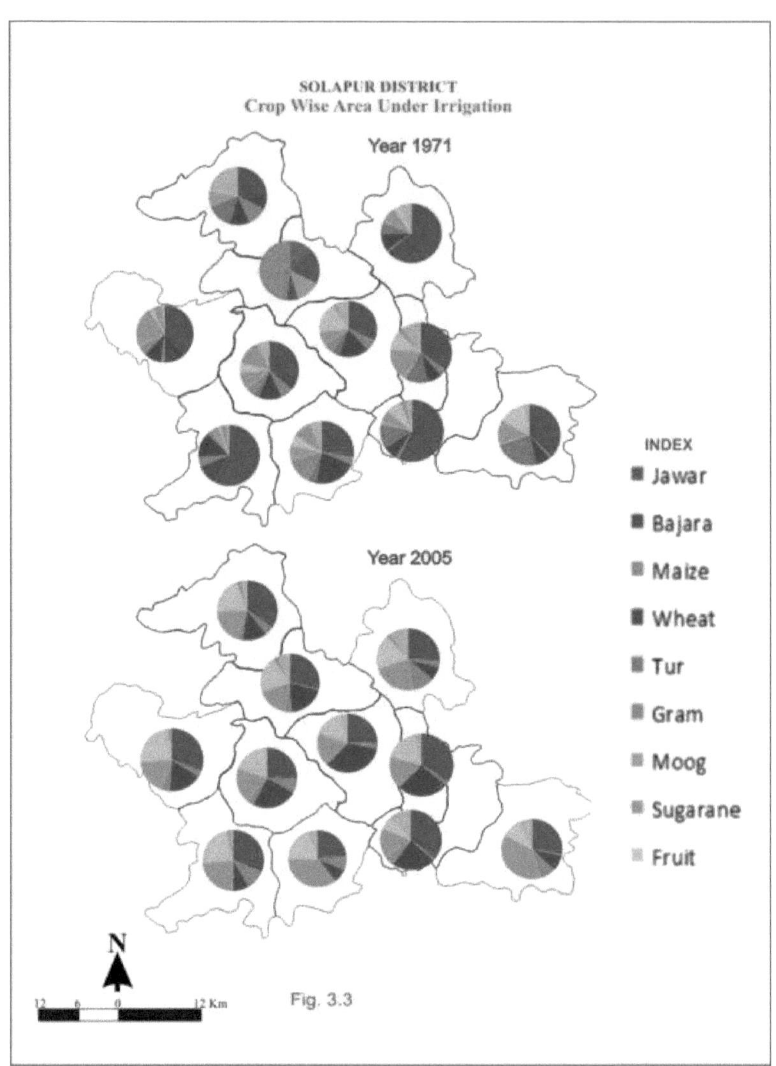

3. Milho

As necessidades de irrigação das culturas de milho variam consoante o tipo de solo e a estação do ano em que são cultivadas, dependendo da precipitação recebida. No distrito de Solapur, o milho é cultivado principalmente durante o período das monções, em regime de sequeiro ou de regadio, e em menor escala no verão, em regime de regadio.

A área irrigada da cultura do milho era de 6200 hectares (56,88%) em 1971, mas era de 8600 hectares (31,87%) em 2005. A maior área irrigada de milho é de 1800 hectares em Pandharpur, em 2005, e a menor (menos de 2%) é em Madha, North Solapur, South Solapur e Akkalkot tehsil. Em sete tehsil do distrito, a área irrigada de milho aumentou e nos restantes tehsil diminuiu.

4. Trigo

O trigo é cultivado em regime de regadio ou de sequeiro, consoante a ocorrência de chuvas durante o período de crescimento. Em muitas regiões temperadas, é cultivado como cultura de sequeiro. A necessidade de irrigação antes da sementeira depende da adequação da humidade do solo para a germinação das sementes de trigo.

A área irrigada de trigo era de 15400 hectares em 1971, tendo passado para 36100 hectares em 2005. A maior área irrigada de trigo é de 6000 hectares no tehsil de Pandharpur e a menor é de 1300 hectares no tehsil de Sangola em 2005. A área irrigada aumentou em todos os distritos, exceto no tehsil de Sangola. O maior aumento da área irrigada foi observado no tehsil de Pandharpur.

6. Tur

A turfa é cultivada na estação Kharip no distrito de Solapur. Em 1971, a superfície total irrigada com turfa era de 9000 hectares, valor que não estava disponível em 2005. A maior área irrigada com turfa é de 1900 hectares em Akkalkot e 1600 hectares em Karamala tehsil em 1970-71 e a menor em Mangalwedha e Sangola tehsil.

7. Grama

A gramínea está melhor situada em zonas de baixa pluviosidade. No entanto, verificou-se que responde à irrigação na ausência de chuvas de inverno, especialmente nos solos mais leves do norte da Índia. Em geral, a cultura requer apenas uma ou duas irrigações quando cultivada na estação das chuvas.

A superfície total irrigada com culturas de gramíneas era de 3300 hectare em 1971 e de 10200 hectare em 2005. Em 2005, a área irrigada mais elevada é de 3100 hectares no tehsil de Barshi e a mais baixa no tehsil de North Solapur e Sangola. A área irrigada com culturas de gramíneas diminuiu nos tehsil de Mohol, Malshiras, Sangola e Mangalwedha, mas a área irrigada com culturas de gramíneas aumentou em todos os restantes tehsils do distrito de Solapur.

8. **Moog**

O Moog está melhor situado em zonas de baixa pluviosidade. No entanto, foi encontrada em solos mais leves do norte da Índia. É cultivada apenas com água da chuva. A área total irrigada com a cultura da grama é de 2500 hectares em 1971, o que não está disponível em 2005. A elevada área irrigada com a cultura de moog é de 700 hectare no tehsil de Karamala, 500 hectare em Barshi e 400 hectare no tehsil de Madha em 2005 e menos de 200 hectare de área com a cultura de moog nos restantes tehsils do distrito de Solapur.

9. Cana-de-açúcar

A cana-de-açúcar geralmente ocupa a terra por um período de cerca de 10 a 18 meses e, portanto, necessita de irrigação adequada para realizar seus rendimentos potenciais. A frequência e a profundidade da irrigação variam de acordo com os períodos de crescimento da cultura. A cana de açúcar requer irrigação em todas as fases de crescimento da planta.

A área irrigada com cana-de-açúcar era de 13900 hectares em 1971 e de 49300 hectares em 2005. Isto mostra claramente que, após o desenvolvimento das instalações de irrigação, a área irrigada com esta cultura aumentou tremendamente no distrito de Solapur. A maior área irrigada com cana-de-açúcar foi observada em 8700 hectares em Akkalkot tehsil e a menor em 1800 hectares em North Solapur no ano de 2005. A área irrigada com cana-de-açúcar aumentou em todos os tehsils do distrito de Solapur, exceto no tehsil de Malshiras, porque a cana-de-açúcar foi substituída por culturas de rendimento, como a fruticultura.

10. Frutos

As culturas frutícolas como a uva, a romã. No distrito de Solapur, cultivam-se manga, baga, anona, limão, etc. Todas as culturas frutícolas necessitam de água adequada após a plantação e antes da colheita. A superfície total irrigada com culturas frutícolas era de 7100 hectares em 1971, sendo de 38800 hectares em 2005. A maior área irrigada com culturas frutícolas foi observada em 2005 em Malshiras tehsil, com 6300 hectares, e a menor em South Solapur tehsil, com 1300 hectares. A área irrigada com culturas frutícolas aumentou em todos os tehsil do distrito.

11. **Amendoim**

O amendoim é mais adequado para zonas de baixa pluviosidade. No entanto, verificou-se que responde à irrigação na ausência de chuvas. A área total irrigada com a cultura do amendoim era de 5500 hectares em 1971, sendo de 3600 hectares em 2005. A maior área irrigada com amendoim é de 700 hectares em Barshi tehsil em 2005 e a menor em North Solapur, Mohol, Mangalwedha e Akkalkot tehsil. A área irrigada com amendoim diminuiu em Pandharpur, Malshiras e Sangola tehsil; no entanto, a área irrigada com amendoim aumentou em todos os restantes tehsils do distrito de Solapur.

12. Cártamo

O cártamo é uma importante cultura de sementes oleaginosas no distrito de Solapur. É uma cultura de raízes profundas resistente à seca. Necessita de pouca água. A área total irrigada com a cultura do cártamo era de 7800 hectolitros em 1971, sendo de 10400 hectolitros em 2005. A maior área irrigada com a cultura do cártamo é de 2600 hectares no tehsil de Barshi em 2005 e a menor no tehsil de Pandharpur, Malshiras e Sangola. A área irrigada com a cultura do cártamo aumentou nos tehsils de Madha, Barshi, Mangalwedha, South Solapur e Akkalkot; no entanto, a área irrigada com a cultura do cártamo aumentou em todos os restantes tehsils do distrito de Solapur.

3.7. FONTES DE IRRIGAÇÃO

Existem desequilíbrios no desenvolvimento da irrigação no distrito de Solapur. Trata-se de desequilíbrios naturais e criados. Os desequilíbrios naturais são causados pelas vantagens e desvantagens relativas das regiões no que respeita às fontes de irrigação. Estas diferenças naturais entre regiões podem ser descritas como disparidades regionais. As fontes de irrigação do distrito de Solapur são influenciadas por características físicas como a geologia, a água, o solo, a presença de água subterrânea, o terreno, etc. As principais fontes de irrigação são as seguintes

I.   Fontes de irrigação de águas subterrâneas - a) Poços, b) Poços tubulares.

II.   Fontes de irrigação de águas superficiais - a) Rios, b) Lagos.

III. Fontes de irrigação artificiais - a) Projeto b) Canal c) Irrigação por elevador

3.7. I. Fontes de irrigação com água subterrânea

A água subterrânea é reabastecida anualmente principalmente através da precipitação e, subsequentemente, por massas de água superficiais, como rios, lagos e tanques, etc. É chamada de água subterrânea, que ocorre abaixo da superfície da Terra. O lençol freático é definido como a superfície superior da água subterrânea. Existe uma relação estreita com o lençol freático, com o aumento da precipitação o lençol freático sobe. É utilizada para diferentes fins sob a forma de poço, poço tubular, nascentes, etc. A sua ocorrência e distribuição é controlada pelo tipo de rocha, altitude da rocha, padrão de junção e padrão de drenagem, etc. na região.

a. Irrigação por poço

A irrigação por poços é uma fonte tradicional de irrigação para a agricultura desde há muito tempo. As principais fontes de irrigação nos distritos são o lago, os tanques, o rio, o canal e os poços. A distribuição dos poços é diferente consoante os tehsils. A profundidade do poço é de 40 pés no período de 1970, dando água suficiente para a irrigação. Para a irrigação, era utilizado o boi ou o motor a óleo. Depois de 1990, o modo de irrigação mudou e o boi e o motor a óleo foram substituídos por um motor elétrico que descarrega a capacidade de água de 200 litros por minuto. Por isso, o lençol freático desceu e muitos poços ficaram secos. Esta situação dos poços secou continuamente desde então.

Quadro - 3.5

Distrito de Solapur: N.º de poços e alterações por tehsil

N° Sr.	Tehsil	1971		2005		Alterar
		Poços	%	Poços	%	Poços
1	Karmala	4781	5.5	3901	5.70	-880
2	Madha	8971	10.4	6566	9.60	-2405
3	Barshi	8598	10.0	7002	10.00	-1596
4	N Solapur	3282	3.80	1726	2.50	-1856
5	Mohol	8243	9.60	3820	5.60	-4423
6	Pandharpur	7618	8.80	12220	17.80	+4602
7	Malshiras	14643	17.00	3302	4.80	-11341
8	Sangola	10059	11.65	8510	12.40	-1549
9	Mangalwedha	4826	5.60	6458	9.40	+1632
10	S Solapur	8010	9.30	5875	8.60	-2135
11	Akkalkot	7241	8.40	9170	13.40	+1929
	Distrito	86272	100	68550	100	-17722

Fonte: Resumo socioeconómico do distrito de Solapur 1971 e 2004-05.

A distribuição espacial dos poços é desigual em 2004-05. A tehsil de Pandharpur tem o maior número de poços, seguida das talukas de Akkalkot e Sangola, com um número elevado de poços (acima de 8000). Os poços moderados (5000 a 8000 poços) encontram-se nos tehsils de Madha, Barshi, South Solapur e Mangalwedha. Os poços de baixa irrigação (menos de 5000 poços) estão localizados nos tehsils de Karamala, Mohol, North Solapur e Malshiras.

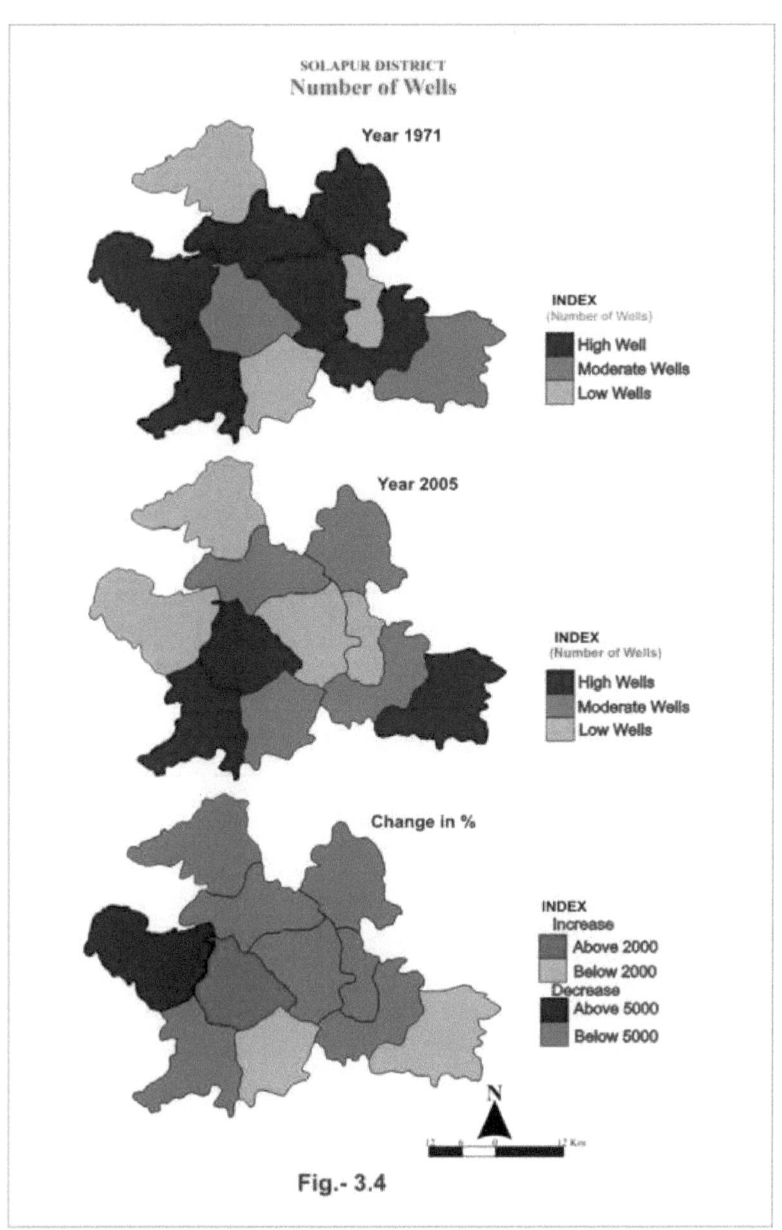

Fig.- 3.4

Durante o período de estudo, a quantidade de poços diminuiu tremendamente (17722 poços). A principal razão é que o lençol freático se encontra a grande profundidade devido às bombas eléctricas e à escavação de poços tubulares. A diminuição do número de poços é desigual. O número de poços elevados (acima de 5000 poços) só diminuiu no tehsil de Malshiras devido ao aumento da irrigação por canal e por poço tubular. O número de poços baixo (inferior a 5000 poços) diminuiu nos tehsil de Karamala, Madha, Barshi, North Solapur, Sangola e South Solapur. O número de poços também aumentou em alguns tehsil do distrito. O número elevado (superior a 2000) de poços aumentou apenas nos tehsils de Pandharpur e o número de poços inferior a 2000 aumentou nos tehsils de Mangalwedha e Akkalkot.

b. Irrigação por poços tubulares

Os poços tubulares são considerados um aspeto importante da Revolução Verde. A formação geológica é muito útil para escavar os poços tubulares na região de estudo. Os poços tubulares, como um tipo de método de irrigação, são semelhantes à irrigação por poços. A distribuição dos poços tubulares varia de tehsil para tehsil. O maior número de poços tubulares foi encontrado em Pandharpur, Malshiras, Mohol e Mangalwedha (acima de 1300). Nos tehsil de Sangola, Madha e Karamala, os poços tubulares situam-se entre 1000 e 1300. Por outro lado, Barshi, North Solapur e South Solapur têm 390 a 943 poços tubulares.

3.7. II. Irrigação de superfície

A água de superfície é fornecida pelos rios caudalosos ou pela água parada de tanques, lagos e reservatórios artificiais. A irrigação a partir dos rios é feita principalmente através de canais, extraídos de barragens construídas ao longo dos rios. Quando a barragem é suficientemente alta para formar um grande reservatório, a água está disponível durante todo o ano. As possibilidades de transformar os caudais normais dos rios em canais de irrigação. Os reservatórios são maioritariamente alimentados pela chuva. Dependem, para o seu reabastecimento, da área de drenagem e das bacias hidrográficas circundantes.

Um aspeto caraterístico do escoamento superficial no distrito de Solapur é a existência de um sistema de drenagem natural bem definido. É constituído por um sistema de drenagem principal: o sistema de drenagem de Bhima, que corre para leste, para a Baía de Bengala. Inúmeros pequenos cursos de água descem o planalto de Deccan em direção à bacia do rio Bhima, nomeadamente os rios Man, Sina, Bori, etc.

O quadro 3.6 mostra que, em 1971, a irrigação com água de superfície no distrito de Solapur era de 12100 hectares, tendo aumentado para 65400 hectares em 2005. A distribuição espacial da irrigação de superfície varia de tehsil para tehsil em 2005.

A irrigação de superfície elevada (acima de 13%) é observada em Pandharpur e Sangola tehsil. A irrigação de superfície moderada (9 a 13%) é descrita em Mohol, Malshiras e Akkalkot tehsil. A área de irrigação de superfície baixa (inferior a 9%) encontra-se em Karamala, Barshi, Madha, North Solapur, Mangalwedha e North Solapur tehsil.

Quadro - 3.6

Distrito de Solapur: Área sob irrigação de águas superficiais e mudança   (Área em 00 Hect.)

N° Sr.	Tehsil	1971		2005		Alterar	
		Área	%	Área	%	Área	%
1	Karmala	07	5.78	47	7.18	+40	+1.4
2	Madha	02	1.65	44	6.72	+42	+5.07
3	Barshi	04	3.30	49	7.49	+45	+4.19
4	N Solapur	17	14.04	44	6.72	+27	-7.32
5	Mohol	02	1.65	63	9.63	+61	+7.98
6	Pandharpur	38	31.40	91	13.91	+53	- 17.49
7	Malshiras	21	17.35	61	9.32	+40	-8.03
8	Sangola	15	12.39	108	16.51	+93	+4.12
9	Mangalwedha	12	9.91	33	5.04	+21	-4.87
10	S Solapur	03	2.47	56	8.56	+53	+6.09
11	Akkalkot	NA	NA	60	9.17	-	-
	Distrito	121	100	654	100	+533	-

Fonte: Resumo socioeconómico do distrito de Solapur 1971 e 2004-05.
NA- Não disponível

A área de irrigação de superfície não aumentou igualmente em toda a região. A variação positiva da irrigação de superfície é observada em seis tehsil e a variação negativa em quatro tehsil. Os dados relativos à irrigação de superfície não estão disponíveis no tehsil de Akkalkot em 1971. A mudança positiva elevada (acima de 5%) é observada nos tehsils de South Solapur, Mohol e Madha e a área baixa (abaixo de 5%) nos tehsils de Karamala, Barshi e Sangola. A alteração negativa elevada (superior a 10%) verifica-se apenas no tehsil de Pandharpur e a baixa (inferior a 10%) nos tehsils de North Solapur, Malshiras e Mangalwedha.

3.7. III. Fontes de irrigação criadas pelo homem

Após o desenvolvimento do conhecimento e da tecnologia, o homem pode criar alguns projectos de irrigação, canais e esquemas   de   irrigação   por elevação. Estas fontes são utilizadas onde a precipitação é inadequada e escassa. Nas últimas duas décadas, as fontes de irrigação artificiais desempenham um papel fundamental no desenvolvimento agrícola da região de estudo.

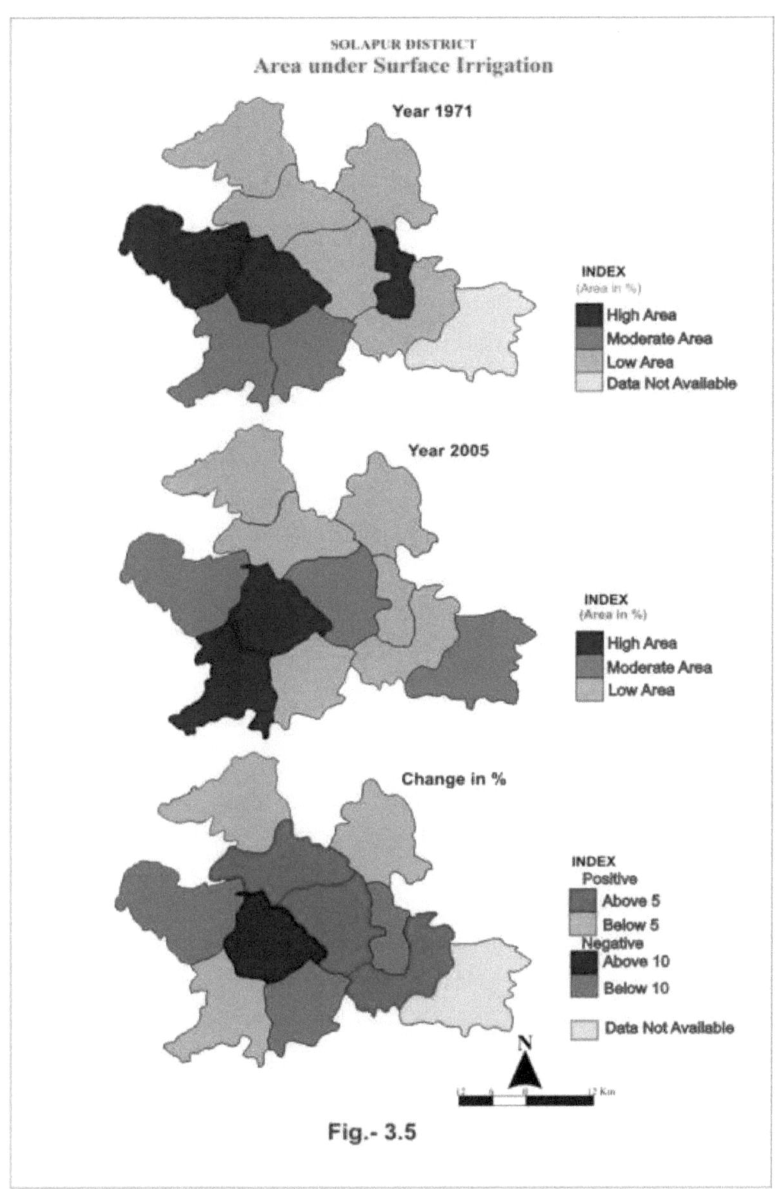

a. **Grandes projectos de irrigação**

Um projeto com uma área cultivável de comando superior a 10 000 hectares é um grande projeto de irrigação. No distrito de Solapur, estão atualmente disponíveis três grandes projectos de irrigação. Estes são os seguintes.

(I) Projeto de irrigação de Bhima:

A barragem de Ujjani está situada em Ujjani, em Madha taluka, no distrito, apenas meia milha a montante da ponte sobre o rio Bhima, na autoestrada nacional Pune-Solapur. O rio Bhima, que nasce em Bhimashankar, nos Ghats Ocidentais, e forma o vale do Bhima com os seus rios e ribeiros afluentes, tem vinte e duas barragens construídas, das quais a barragem de Ujjani é a barragem terminal do rio e a maior do vale, que intercepta uma bacia hidrográfica de 14 858 km2 (que inclui uma bacia livre de 9 766 km2). A construção do projeto da barragem, incluindo o sistema de canais em ambas as margens, foi iniciada em 1969 com um custo inicial estimado em 400 milhões de rupias e, quando concluída, em junho de 1980, o custo incorrido foi da ordem dos 3295,85 milhões de rupias.

Quadro -3.7

Distrito de Solapur: Principais projectos de irrigação e respectiva área irrigada

Sr	Projeto	Comprimento em km		Área irrigada (Hect.)
		Canal esquerdo	Canal direito	
1	Irrigação de Bhima (Ujani)	126	132	147800
2	Canal da margem direita de Nira	-	156	43241
3	Projeto Sina Kolegaon	-	-	3400
	Total			

Fonte: Resumo socioeconómico do distrito de Solapur 1971 e 2004-05.

A albufeira criada pela barragem de gravidade de terra e betão, com 56,4 m de altura, no rio Bhima, tem uma capacidade bruta de armazenamento de 3 320 km^3 (0,797 milhas cúbicas). A barragem de Ujjani, colocada em funcionamento em junho de 1980, é uma barragem de alvenaria de terra e betão, que criou uma albufeira polivalente. O comprimento total da barragem é de 2.534 m (8.314 pés). A utilização anual é de 2.410 km^3 (0,578 milhas cúbicas). O projeto proporciona benefícios polivalentes de irrigação, energia hidroelétrica, abastecimento de água potável e industrial e desenvolvimento das pescas. Foi construída uma central eléctrica do tipo armazenamento por bombagem na extremidade da barragem, com uma capacidade instalada de 12 MW. A irrigação beneficia 500 km^2 (190 milhas quadradas) de terrenos agrícolas, especialmente no distrito de Solapur.

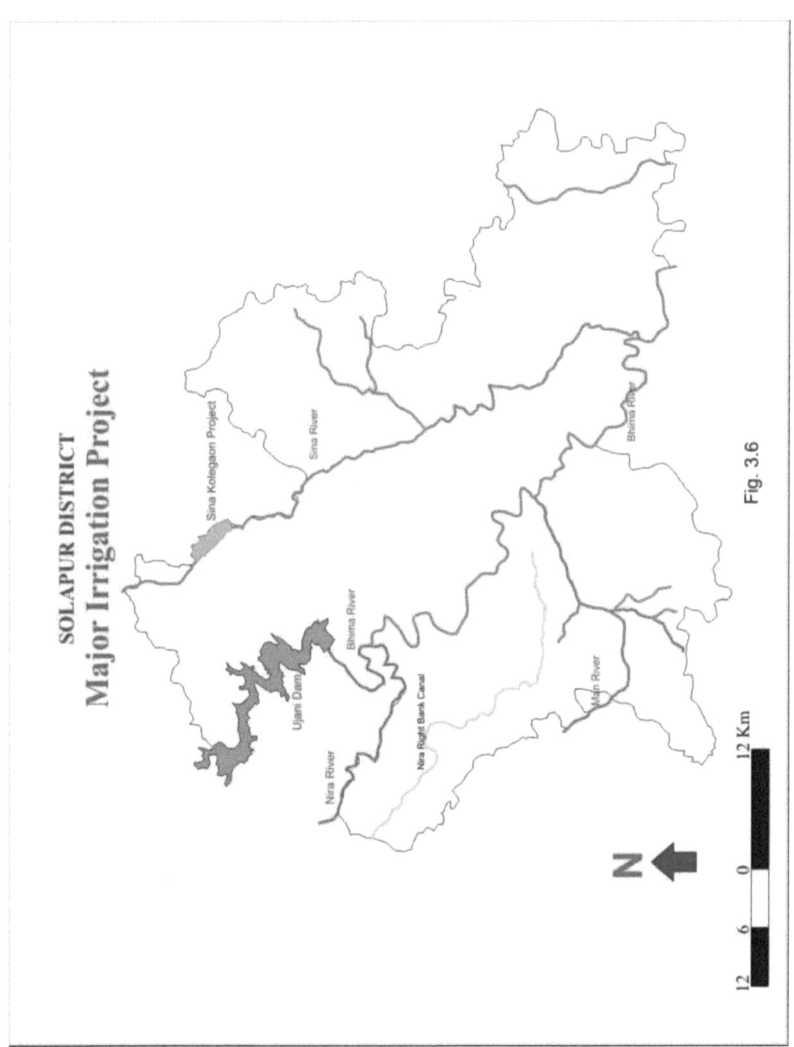

Potencial de irrigação de 1.66.750 hectares em Pune e igual potencial no distrito de Solapur. A água fornecida pelo reservatório para irrigar áreas agrícolas tem como principal objetivo reduzir a incidência de fome e escassez em condições de seca. O funcionamento da albufeira também reduz a ameaça de inundações para cidades como Pandharpur (um importante centro religioso) e Pune.

Centro de peregrinação) para os hindus. Devido às facilidades de irrigação, algumas das culturas importantes cultivadas em condições de irrigação são a cana-de-açúcar, o trigo, o painço e o algodão.

II). Canal da margem direita do Nira:-

O sistema do canal da margem direita de Nira, alimentado pela barragem de Bhatghar, no distrito de Pune, entrou em funcionamento em 1937-38, com um comprimento de 95 milhas, passando pelos distritos de Solapur e Satara. Este sistema de canais fornece atualmente instalações de irrigação ao tehsil de Malshiras e irriga cerca de 50 000 acres no distrito. A proporção da área irrigada em relação à área líquida registada em Malshiras taluka é mais elevada do que noutros talukas do distrito, devido a esta facilidade. As principais culturas irrigadas por este sistema são a cana-de-açúcar, o algodão e o trigo.

III). Sina- Kolegaon:-

Trata-se de um novo grande projeto de irrigação iniciado durante o Quinto Plano. Prevê a construção de uma barragem de terra no rio Sina, perto da aldeia de Nimgaon em Karamala taluka. Prevê-se que a barragem armazene 5,24 T.M.C. de água. O projeto beneficiará os tehsils de Karmala, Barshi e Mohol no distrito de Solapur e o taluka de Paranda no distrito de Osmanabad. O custo estimado deste projeto é de 910 milhões de rúpias e o montante proposto para o Quinto Plano é de 100 milhões de rúpias. O projeto criará um potencial de irrigação de 1 34 500 hectares.

b. Projectos de irrigação médios

Um esquema com uma área de comando cultivável superior a 2.000 hectares e até 10.000 hectares individualmente é um esquema de irrigação médio. Em 1971, apenas quatro sistemas de irrigação média (Ekrukh, Hingani, Budhyal e Asti) estavam disponíveis para irrigação no distrito de Solapur. A capacidade total de armazenamento de água era de 181,86 milhões de milhões de metros cúbicos e a área total irrigada era de 4889 hectares em 1971. Após 35 anos, os nove projectos de irrigação média estão disponíveis para irrigação no distrito de Solapur. A capacidade total de armazenagem de água era de 248,47 milhões de milhões de metros cúbicos e a área total irrigada era de 33597 hectares em 2005.

1. ekrukh

A barragem de Ekrukh é uma barragem de aterro no rio Adela, perto do norte de Solapur, no estado de Maharashtra, na Índia. A altura da barragem acima da fundação mais baixa é de 21,45 m (70,4 pés) e o comprimento é de 2 360 m (7 740 pés). A construção desta barragem foi concluída em 1871. O objetivo desta barragem de irrigação é o abastecimento de água e a irrigação. A esquerda (32 km.)

Quadro - 3.8
Distrito de Solapur: Projectos de irrigação média

Sr	Projeto	Armazenamento de água (milhões de metros cúbicos)	Comprimento em km		Área irrigada (Hect.)
			Canal esquerdo	Canal direito	
1	Ekrukh	61.16	32	12.87	2610
2	Hingani	31.97	22.70	10.00	5140
3	Jawalgaon	29.19	31	-	4451
4	Budhyal	19.03	26.40	0	4250
5	Mangi	30.53	30.53	9.60	3117
6	Asti	23.01	18.40	16.00	4769
7	Pimpalgaon	9.86	-	30	2400
8	Tisangi	24.47	18.20	-	4050
9	Bori (Kurnur)	19.25	-	-	3750
	Total	244.22			33597

Fonte: Resumo socioeconómico do distrito de Solapur 1971 e 2004-05.

e o canal direito (12,87 km.) construídos nesta barragem. A área total irrigada por esta barragem é de 2610 Hectores.

2. Hingani

A barragem de Hingani, também chamada barragem de Pangaon, é uma barragem de aterro no rio Bhogawati, perto de Barshi, no distrito de Solapur, no estado de Maharashtra, na Índia. A altura da barragem acima da fundação mais baixa é de 21,87 m (71,8 pés) e o comprimento é de 2.193 m (7.195 pés). A capacidade efectiva de armazenamento de água desta barragem é de 31,97 milhões de metros cúbicos. A construção desta barragem foi concluída em 1977. O objetivo desta barragem de irrigação é a irrigação. Os canais esquerdo (22,70 km) e direito (10 km) foram construídos nesta barragem. A área total irrigada por esta barragem é de 5140 hectares.

3. Jawalgaon

A barragem de Jawalgaon é uma barragem de aterro no rio Nagzari, perto da aldeia de Jawalgaon, em Barshi tehsil, no distrito de Solapur. A altura da barragem acima da fundação mais baixa é de 21,71 m (74,50 pés). A capacidade bruta de armazenamento é de 29,19 milhões de metros cúbicos. A capacidade efectiva de armazenamento de água desta barragem é de 10,88 milhões de milhões de metros cúbicos. A construção desta barragem foi concluída em 1997. O objetivo desta barragem é a irrigação. A área total irrigada por esta barragem é de 4451 Hectores.

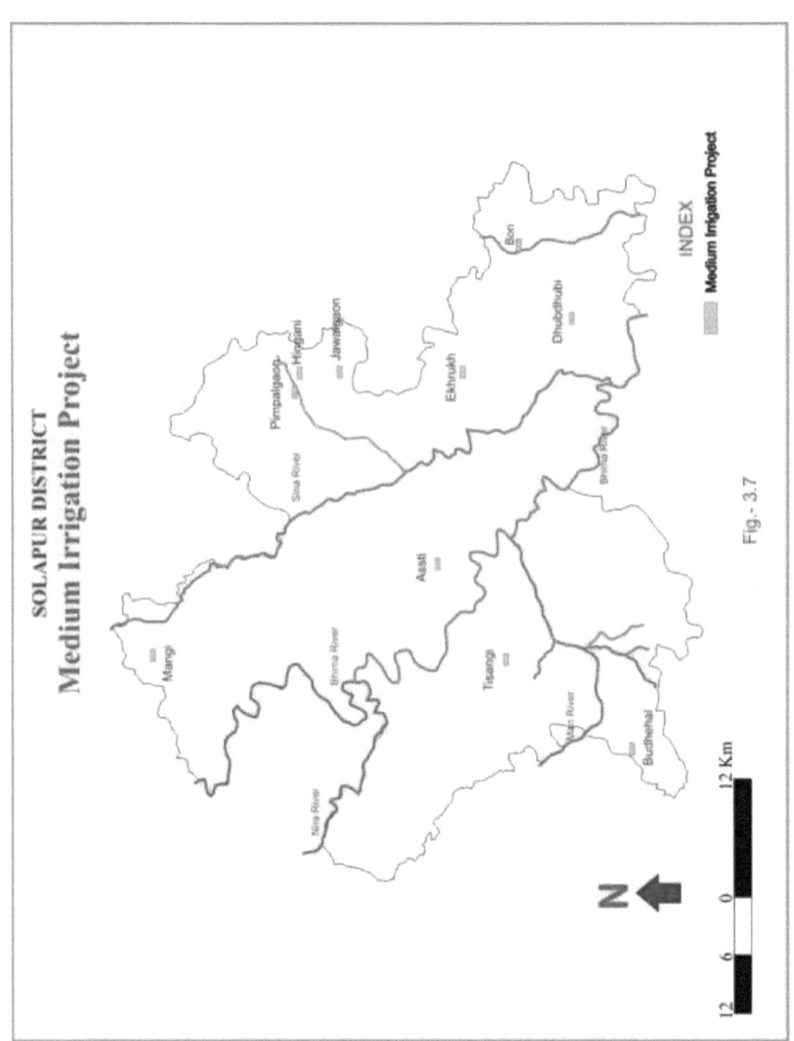

4. Budhyal

A barragem de Budhyal é uma barragem de aterro no rio Belwan, perto de Sangola, distrito de Solapur, no estado de Maharashtra, na Índia. A altura da barragem acima da fundação mais baixa é de 18,5 m (61 pés) e o comprimento é de 2 975 m (9 760 pés). A capacidade bruta de armazenamento é de 19,03 milhões de m3. A capacidade efectiva de armazenamento de água desta barragem é de 19,03 milhões de m3. A construção desta barragem foi concluída em 1966. O objetivo desta barragem de irrigação é a irrigação. O canal esquerdo (26,40 km) foi construído nesta barragem. A área total irrigada por esta barragem é de 4250 hectares.

5. Mangi

A barragem de Mangi é uma barragem de aterro no rio Kanola, perto de Karmala, distrito de Solapur, no estado de Maharashtra, na Índia. A altura da barragem acima da fundação mais baixa é de 22,95 m (75,3 pés) e o comprimento é de 1 475 m (4 839 pés). A capacidade efectiva de armazenamento de água desta barragem é de 30,53 milhões de metros cúbicos. A construção desta barragem foi concluída em 1966. O objetivo desta barragem de irrigação é a irrigação. Os canais esquerdo (30,53 km) e direito (9,60 km) foram construídos nesta barragem. A área total irrigada por esta barragem é de 3117 hectares.

6. Ashti

A barragem de Ashti é uma barragem de aterro no rio Asti, perto de Mohol, distrito de Solapur, no estado de Maharashtra, na Índia. A altura da barragem acima da fundação mais baixa é de 17,6 m (58 pés) e o comprimento é de 3.871 m (12.700 pés). A capacidade bruta de armazenamento é de 40 000,00 km^3. A capacidade real de armazenamento de água desta barragem é de 30,53 milhões de metros cúbicos. A construção desta barragem foi concluída em 1883. O objetivo desta barragem é a irrigação. Os canais esquerdo (18,40 km) e direito (16 km) foram construídos nesta barragem. A área total irrigada por esta barragem é de 4769 hectares.

7. Pimpalgaon

A barragem de Pimpalgaon é uma barragem de aterro no rio Local em Barshi, distrito de Solapur. A altura da barragem acima da fundação mais baixa é de 18,70 m (61,35 pés). A capacidade de armazenamento de água desta barragem é de 9,86 milhões de metros cúbicos. A construção desta barragem foi concluída em 2008. O objetivo desta barragem de irrigação é a irrigação. A área total irrigada por esta barragem é de 2400 Hectores.

8. Tisangi

A barragem de Tisangi é uma barragem de aterro no rio Local, perto de Pandharpur, distrito de Solapur, no estado de Maharashtra, na Índia. A altura da barragem acima da fundação mais baixa é de 21,87 m (71,8 pés) e o comprimento é de

2.193 m (7.195 pés). A capacidade efectiva de armazenamento de água desta barragem é de 24,47 milhões de metros cúbicos. A construção desta barragem foi concluída em 1966. O objetivo desta barragem é a irrigação. O canal esquerdo (18,20 km) foi construído nesta barragem. A área total irrigada por esta barragem é de 4050 hectares.

9. Bori (Kurnur)

A barragem de Bori é uma barragem de terra no rio Bori, perto de Akkalkot, no distrito de Solapur. A altura da barragem acima da fundação mais baixa é de 15,20 m (49,86 pés). A capacidade de armazenamento de água desta barragem é de 19,25 milhões de metros cúbicos. A construção desta barragem foi concluída em 2006. O objetivo desta barragem é a irrigação. A área total irrigada por esta barragem é de 3750 hectares.

c. Obras de irrigação menores

Um regime que tenha uma área cultivável de comando até 2 000 hectares é classificado como regime de irrigação menor. Os critérios de classificação dos sistemas de irrigação menores têm vindo a mudar periodicamente. Desde abril de 1993, todos os sistemas de águas subterrâneas e de águas superficiais (tanto de fluxo como de elevação) com uma área de comando cultivável até 2000 hectares são considerados sistemas de irrigação menores.

Quadro - 3.9

Distrito de Solapur: Área de projectos de irrigação menores em Hectors

Nº Sr.	Tehsil	1971		2005		Alterar	
		Número de projectos	Área irrigada	Número de projectos	Área irrigada	Número de projectos	Área irrigada
1	Karmala	04	3918	11	5917	+9	+1999
2	Madha	01	431	03	15224	+2	+14793
3	Barshi	03	980	18	8265	+15	+7285
4	N Solapur	00	00	02	2321	+2	+2321
5	Mohol	00	00	04	5375	+4	+5375
6	Pandharpur	00	00	01	1450	+1	+1450
7	Malshiras	00	00	09	3341	+9	+3341
8	Sangola	03	853	09	2471	+6	+1618
9	Mangalwedha	01	133	10	1968	+9	+1835

10	S Solapur	01	156	06	2318	+5	+2162
11	Akkalkot	00	00	16	3571	+16	+3571
	Distrito	13	6471	109	52221	+96	+45750

Fonte: Resumo socioeconómico do distrito de Solapur 1971 e 2004-05.

Fig.- 3.8

Todos os projectos de irrigação menores que irrigam até 101,17 hectares (250 acres) estão sob a alçada administrativa da Zilla Parishad. A Zilla Parishad está habilitada a realizar pequenas obras de irrigação com um custo inferior a 5 lakhs. No entanto, verificou-se que o Governo não pode realizar projectos de irrigação dentro do limite financeiro acima referido. Naturalmente, a política da Solapur Zilla Parishad tem sido a construção de tanques de percolação e *bandharas*, que ajudam a aumentar o nível de água nos poços da sua vizinhança devido ao aumento da água do subsolo. Até à data, a Zilla Parishad construiu dez tanques de percolação, dois dos quais foram concluídos em 1967-68 e 1968-69. Há cerca de cinquenta propostas para a construção de tanques de percolação no distrito que estão a ser investigadas. As pequenas obras de irrigação no âmbito da Solapur Zilla Parishad que estão em curso no distrito.

Em 2004-05, os projectos de irrigação menores são 109 no distrito de Solapur e irrigaram uma área de 52221 hectares. Os projectos de irrigação menor são mais numerosos (18 projectos) no tehsil de Barshi, mas a área irrigada é elevada (15224 hectares) no tehsil de Madha. Durante o período de estudo, as áreas de irrigação menor aumentaram em todos os tehsils do distrito. A área mais elevada (14793 hectares) aumentou e a mais baixa (1450 hectares) no tehsil de Pandharpur.

d. Tanques de percolação:

Os tanques de percolação são as estruturas de recarga das águas subterrâneas. São geralmente construídos ao longo de cursos de água e de ravinas maiores, de modo a reter uma parte da água de escoamento. Esta água, no devido tempo, encontra o seu caminho para o subsolo e recarrega a água encontrada. Isto leva a uma melhor recuperação dos poços a jusante. A construção de um tanque de percolação a nível local é um projeto de irrigação indireta que ajuda a aumentar o lençol freático. Os tanques de percolação são muito úteis para a irrigação indireta em zonas propensas à seca. Mais de 1140 tanques de percolação estão registados na região de estudo. Recentemente, o Governo do Estado concedeu um subsídio de 100% para a construção de tanques de percolação na região de estudo.

A distribuição espacial dos tanques de percolação na região de estudo é desigual. O maior número de tanques foi observado em Mohol tehsil (331 tanques), seguido de Sangola (117 tanques) e Barshi (113 tanques). O número mais baixo de tanques de percolação regista-se em Pandharpur (36 tanques).

Quadro - 3.10
Distrito de Solapur: Tanques de percolação

Nº Sr.	Tehsil	Ano 2005	
		Número de tanques	% do total

1	Karamala	67	5.88
2	Madha	82	7.19
3	Barshi	113	9.91
4	N Solapur	57	5.00
5	Mohol	331	29.03
6	Pandharpur	36	3.15
7	Malshiras	98	8.60
8	Sangola	117	10.26
9	Mangalwedha	93	8.15
10	S Solapur	79	6.93
11	Akkalkot	67	5.88
	Distrito	1140	100

Fonte: Resumo socioeconómico do distrito de Solapur 2004-05.

Os principais tanques de percolação foram construídos entre 1971 e 1973, devido à seca metrológica que afectou este período e à necessidade de emprego para as pessoas. O Governo do Estado iniciou o regime de garantia de emprego (EGS) e, ao abrigo deste regime, foram construídos tanques de percolação em Sangola e Mohol tehsil.

e. Açude de tipo Kolhapur (*Bandhara*)

Um açude é uma barreira que atravessa um rio, concebida para alterar as características do caudal. Na maior parte dos casos, os açudes assumem a forma de uma barreira, mais pequena do que a maioria das barragens convencionais, que atravessa um rio, fazendo com que a água se acumule atrás da estrutura e permitindo que a água passe por cima. Os açudes são normalmente utilizados para alterar o regime de caudal do rio, evitar inundações, medir a descarga e ajudar a tornar um rio navegável.

A construção de um *bandhare* de tipo Kolhapur a nível local foi introduzida na região de estudo no ano de 1989. O potencial de irrigação deste Bandhare do tipo Kolhapur é de 50 a 100 hectares, o que ajuda a aumentar o lençol freático subterrâneo da região. Foram observados 139 açudes K.T. na região de estudo, a maioria dos quais nos tehsils de Barshi, Malshiras, Akkalkot, Sangola e Pandharpur. Os restantes tehsil registaram um número reduzido de açudes K.T. no distrito de North Solapur.

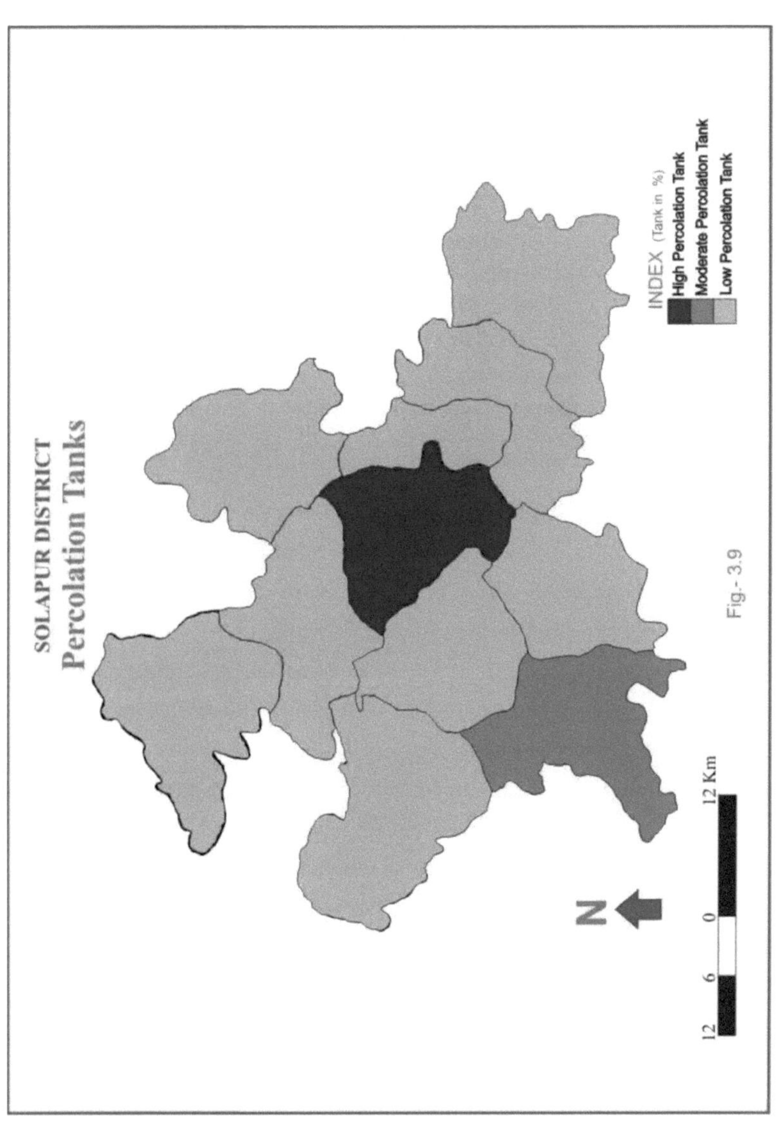

Quadro - 3.11

Distrito de Solapur: Kolhapur Tipo Açude (Bandhare)

Nº Sr.	Tehsil	2005	
		Número de projectos	% do total
1	Karmala	04	2.88

2	Madha	12	8.63
3	Barshi	11	7.91
4	N Solapur	04	2.88
5	Mohol	10	7.19
6	Pandharpur	09	6.47
7	Malshiras	20	14.38
8	Sangola	29	20.86
9	Mangalwedha	16	11.51
10	S Solapur	11	7.91
11	Akkalkot	13	9.35
	Distrito	139	100

Fonte: Resumo socioeconómico do distrito de Solapur 2004-05.

f. Projeto de irrigação por elevação

O esquema de irrigação por elevação consiste em elevar a água de um nível inferior para um nível superior com a ajuda de bombas e outros equipamentos. A construção de barragens e canais contribuiu enormemente para aumentar a área irrigada situada a um nível inferior ao nível da barragem, mas a escassez de água continuou a ser um problema para as áreas de nível superior. A fim de integrar as zonas de nível mais elevado no regime de irrigação por elevação, foram adoptadas medidas. As cooperativas incentivam os agricultores a formar sociedades cooperativas ou parcerias para efeitos de distribuição de água, cobrança da taxa de água, fornecimento de factores de produção e comercialização dos produtos dos beneficiários, bem como para o acompanhamento da produção dos beneficiários e para outros trabalhos quotidianos destinados a assegurar o bom funcionamento dos sistemas de irrigação por elevação. Os sistemas de irrigação por elevação são instalados em fontes de água sazonais/perenes, como rios, lagos, etc., quer por indivíduos quer por grupos de agricultores em Estados como Maharashtra, Orrisa, etc. Foram criadas empresas separadas e os bancos comerciais financiam a construção dos projectos de elevação e os trabalhos de ordenamento do território nas zonas de comando. Os aspectos técnicos dizem respeito à fonte de água sobre a qual os ascensores são construídos e à conceção do projeto. É melhor compreender estes aspectos, de modo a que os bancos comerciais concedam facilmente empréstimos a projectos que beneficiem consumidores individuais ou grupos de agricultores.

O quadro n.º 3.12 mostra que existem sete sistemas de irrigação por elevação no distrito de Solapur. A área irrigada por elevação é de 100551 hectares em 2005 no distrito de Solapur. São as seguintes.

Quadro - 3.12
Distrito de Solapur: Projeto de irrigação por elevação

Sr	Projeto		Comprimento em km			Área irrigada (Hect.)
			Canal principal	Canal esquerdo	Canal direito	
1	Dhahigaon	Fase 1	13.56	-	-	10500
		Fase 2	15	8.95	20.31	
2	Canal articular Bhima-Sina		26,50 (Túnel 19,21 km)			20150
3	Canal Sina-Madha		22	14.50	28.40	16150
4	Asti		0	26	25.20	9000
5	Barshi	Fase 1	0	12.30	0	15000
		Fase 2	9.6	-	54	
6	Shirapur	Fase 1	11	-	-	9598
		Fase 2	-	16.20	19	
7	Ekharukh	Fase 1	9	-	-	17310
		Fase 2	22.76	-	-	
	Total		1543.20	77.95	146.91	100551

Fonte: Resumo socioeconómico do distrito de Solapur 2004-05.

1. Projeto de irrigação de Dhahigaon Lift

Este projeto de irrigação por elevação foi construído nas águas residuais da barragem de Ujani, perto da aldeia de Dhahigaon, em Karmala tehsil, no distrito de Solapur. Este projeto está dividido em duas fases, ou seja, a primeira e a segunda fase. O comprimento do canal principal da primeira fase é de 13,56 km. Esta fase capta a área das aldeias de Dhahigaon e Jeur. O comprimento do canal principal da segunda fase é de 15 km, dos quais 8,95 km do lado esquerdo e 20,31 km do lado direito. Esta fase fornece água para irrigação nas aldeias de Kumbhej, Khadakwadi, Kondej, Nimbhore, Bhalwani, Sade e Salse do tehsil de Karmala. A área abrangida por este projeto de irrigação por elevação é de 10500 hectares.

2. Projeto de irrigação do canal conjunto Bhima-Sina

O canal de túnel conjunto Bhima-Sina é um projeto de irrigação ideal no continente asiático. Foi aprovado pela comissão de planeamento da Índia em 1994 e os trabalhos começaram em 1995. Foi construído na barragem de Ujani, perto da aldeia de Kandar, para a aldeia de Kave, na margem do rio Sina, em Madha tehsil do distrito de Solapur. O comprimento total deste canal é de 26,50 km, dos quais 19,21 km são

95

túneis com 7,8 x 7,3 mtrs. A água é recarregada no rio Sina e armazenada nos açudes K.T. construídos neste rio. A área total irrigada por este esquema é de 20150 hectares. Este projeto fornece água para irrigação em todas as aldeias próximas da bacia do rio Sina em Madha, Mohol, North Solapur e South Solapur tehsils.

3.   **Projeto de irrigação de elevação do canal de Sina-Madha**

Este projeto foi construído em Madha tehsil, perto da aldeia de Dahivali, na margem do remanso da barragem de Ujjani. O comprimento total do canal principal é de 22 km e este corre no canal esquerdo (14,50 km) e no canal direito (28,40 km). A área total irrigada deste projeto é de 16150 hectares. Fornece água para irrigação nas aldeias de Nimgaon, Saptane, Akumbe, Aran, Ghatane, Saptane Bhose, Chincholi, Vittalwadi, Upalavi Kd. e Bk. em Madha tehsil e na aldeia de Wafale em Mohol tehsil.

4. **Projeto de irrigação Ashti Lift**

O projeto de irrigação Asti lift está construído no tanque Asti em Pandharpur tehsil. A água é fornecida a este tanque pelo canal esquerdo de Ujani. O comprimento da margem esquerda deste canal é de 26 km e atravessa a área das aldeias de Modnimb e Aran. O comprimento da margem direita do canal é de 25,20 km e fornece água para irrigação na aldeia de Khandali e na área circundante de Mohol tehsil. A área total irrigada pelo projeto é de 9000 hectares.

5. **Projeto de irrigação Barshi Lift**

O projeto de irrigação Barshi lift foi construído no rio Sina, perto da aldeia de Ridhore, em Madha tehsil. Perto desta aldeia foi construído um açude K.T. no rio Sina e a água foi armazenada. A água é elevada para o tehsil de Barshi em duas fases. A primeira fase tem um comprimento de 12,30 km no canal da margem esquerda e corre na zona da aldeia e da área de Sendri. A segunda fase do canal principal tem 9,60 km e o comprimento do canal da margem direita é de 54 km. Este canal é útil para a irrigação das aldeias de Pimpalwadi, Shelgaon, Korfal, Anjangaon, etc. A área total irrigada por este projeto é de 15 000 hectares.

6.   **Projeto de irrigação de Shirapur Lift**

O projeto de irrigação de Shirapur depende da água do rio Sina. O açude K.T. foi construído no rio Sina, perto da aldeia de Shirapur, em Mohol tehsil. A água é elevada na primeira fase a cerca de 11 km e, em seguida, flui pelo canal cerca de 9,63 km e chega perto da aldeia de Nannaj. Depois da aldeia de Nannaj, a água é elevada pela segunda fase e dividida em canal direito e esquerdo. O comprimento do canal direito é de 19 km e corre na área das aldeias de Nannaj, Bibidarphal e Kondi do tehsil de North Solapur. O canal esquerdo

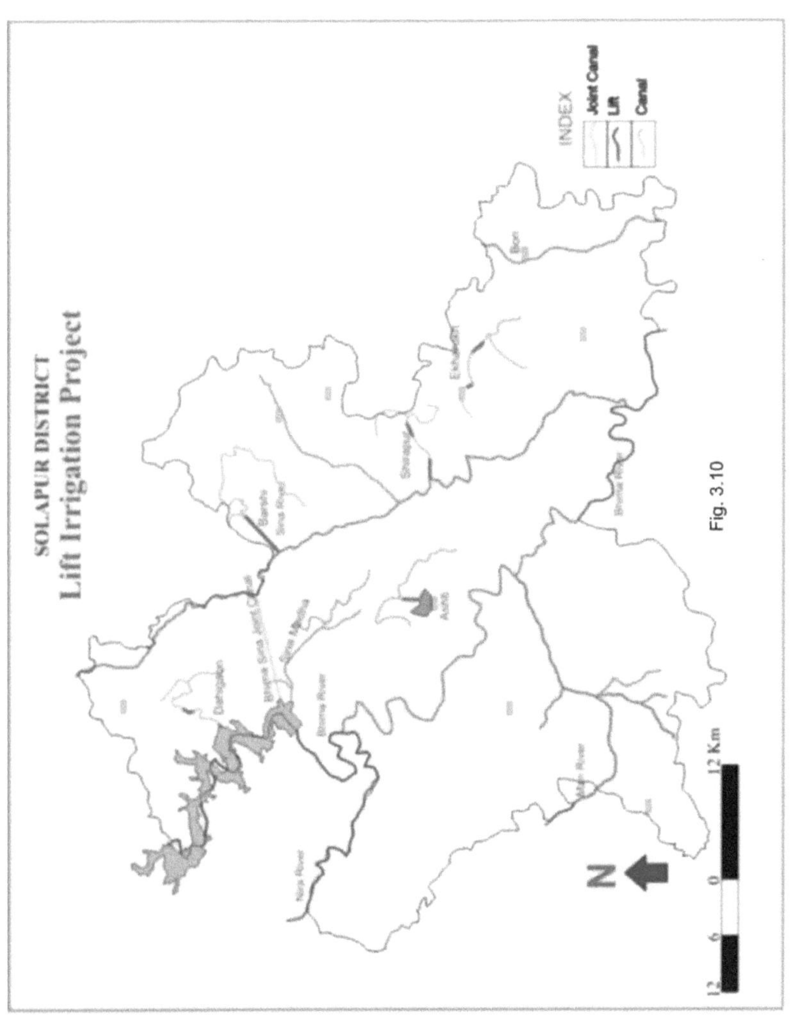

O projeto tem um comprimento de 16 km e fornece água a Wadala e à aldeia de Padsali. A área total irrigada por este projeto é de 9598 hectares.

7. Projeto de irrigação de Ekharukh Lift

A irrigação por elevação Ekhrukh foi construída no tanque Ekharukh. A recarga de água deste reservatório provém de Honsal, da aldeia de Ule e do tehsil de Tuljapur. A água é elevada em duas fases. O comprimento do canal principal da primeira fase é de 9 km e a segunda fase é distribuída por duas margens de canais. O primeiro ramo é Darshanhally, com um comprimento de 18 km, e o segundo ramo é Darshanal Kholkhodai, com um comprimento de 4,76 km. A área total irrigada no âmbito deste projeto é de 7200 hectares em South Solapur tehsil e 10110 hectares em Akkalkot tehsil.

3.6. Modo de irrigação

Existem vários modos ou métodos de irrigação observados na região de estudo, nomeadamente a irrigação por inundação, gota a gota e por aspersão, etc. Todos estes modos de irrigação não são úteis em todas as culturas, bem como em todos os domínios da agricultura. O método ideal utilizado para conservar a humidade do solo e poupar a água que é fornecida às plantas. Estes métodos são os seguintes

1. Irrigação por inundação

A irrigação por inundação é uma técnica de irrigação em que um campo é essencialmente inundado com água que é deixada a penetrar no solo para irrigar as plantas. Este tipo de irrigação é uma das técnicas mais antigas conhecidas pelo homem, e pode ser visto em uso em alguns países em desenvolvimento e em regiões onde o abastecimento de água é amplo. Existem vários estilos diferentes de irrigação por inundação em uso, com diferentes graus de eficiência. Este tipo de irrigação tem sido criticado porque pode ser extremamente desperdiçador quando não é feito com cuidado.

Uma forma de irrigação por inundação é a irrigação por bacia, em que a água inunda uma bacia rodeada por bermas, geralmente feitas de terra. Esta técnica pode ser útil para culturas que precisam de ficar submersas, como o arroz, e para solos de absorção lenta.

2. Irrigação por sulcos

Os sulcos são pequenos canais paralelos, feitos para transportar a água a fim de irrigar a cultura. A cultura é normalmente cultivada nas cristas entre os sulcos. A irrigação por sulcos é adequada para uma grande variedade de tipos de solo, culturas e declives de terreno, como indicado abaixo. A irrigação por sulcos também é adequada para o cultivo de árvores. Nas fases iniciais da plantação de árvores, um sulco ao longo da linha de árvores pode ser suficiente mas, à medida que as árvores se desenvolvem, podem ser construídos dois ou mais sulcos para fornecer água suficiente. Por vezes, utiliza-se um sistema especial em ziguezague para melhorar a distribuição da água. Na irrigação por sulcos, a água corre por sulcos entre as fileiras de culturas, atingindo as raízes à medida que é absorvida. A irrigação por surtos envolve a utilização de impulsos de água que jorram, encharcam e voltam a jorrar.

3. Irrigação de bacias

A irrigação por bacias é um tipo de irrigação de superfície em que são escavadas pequenas bacias junto aos campos de cultivo, de modo a reter a água e permitir que o solo circundante a absorva.

4. Irrigação por gotejamento

As técnicas de rega gota-a-gota foram desenvolvidas depois de 1980. Este sistema de irrigação é um método relativamente novo de irrigação. Também chamado de irrigação por gotejamento, refere-se à aplicação de água a uma taxa lenta, gota a gota, através de perfurações em tubos, por meio de bicos ou gotejadores, ligados a uma área limitada em torno da planta. A irrigação por gotejamento permite molhar uma área de superfície ainda mais pequena do que no caso da irrigação por sulcos. A água e outros nutrientes são fornecidos diretamente à zona da raiz de acordo com as necessidades da planta. O sistema de irrigação por gotejamento é dito ser 50% mais eficaz do que os sistemas de irrigação convencionais. Estima-se que a perda de água nos métodos convencionais de irrigação é de 30 a 40%, enquanto que no sistema de gotejamento é de apenas 1 ou 2%.

5. Irrigação por aspersão

A rega por aspersão é um método de aplicação de água de rega semelhante à precipitação natural. A água é distribuída através de um sistema de tubos, geralmente por bombagem. Em seguida, é pulverizada para o ar através de aspersores, de modo a dividir-se em pequenas gotas de água que caem no solo. O sistema de abastecimento da bomba, os aspersores e as condições de funcionamento devem ser concebidos de modo a permitir uma aplicação uniforme da água.

Para concluir, este capítulo apresentou a introdução, o conceito e a definição de irrigação, a evolução da irrigação, a necessidade de irrigação, as mudanças na área irrigada em termos de Tehsil, as mudanças na área irrigada em termos de culturas, a fonte de irrigação, o modo de irrigação, etc. No capítulo seguinte, são apresentadas as conclusões do presente estudo.

Referências

1.   Ali, M, (1978), "Studies in an agricultural geography", Rajesh Publication, New Delhi.

2   . Bhatia, S.S., (1967), "A New Measurement of Agricultural efficiency in Utter Pradesh (India)". Economic geography, Vol. 43, No. 3, P.P. 244-266.

3.   Bhatia, S.S., (1967), 'Spatial Variations - Changes and Trends in Agricultural Efficiency in Uttarpardesh 1953-63', Indian Journal of Agricultural Economic, Vol. 22, No. 1, page 66- 80.

4.   Bouman, Hani, (1975), 'Irrigation Development in Semiarid Areas', Applied Science and Development, Vol. 5, page no. 720.

5   . Cantor, L.M., (1967), "A World Geography of Irrigation", Olner e Boxt, Londres, P   . 40.

6.   Coppock, J. T., (1971), "Agricultural Geography in Great Britain", G. Bell and Co. London.

7.   Censo da Índia, Manual do Censo Distrital, Solapur, 2001.

8   . David, Friman, (1952), 'General Aspect of Geography of Irrigation in India', The Geographer, Vol. 5, No. 2, página 1 a 11.

9.   Daxal, (1977), "Impact of Irrigation Expansion on Multiple Cropping in India", Tidschrifte Voor, Economic and social Geography, Vol. 88, página 100-109

10   .   Dhillon, S.S. e Sandhu, Devindar, (1979),   'Irrigation Development in Punjab. Its potential and limitation (1951-52 to 1975-76)', Geographical Review of India, Vol. 41, No. 2, June, page 155- 172.

11.   Dixit, K.R., (1986), "Maharashtra in Maps. Irrigation", Maharashtra Stata Board for Literature and Culture, Bombaim, páginas 66-78.

12.   Deshpande, C.D., (1971), "Geography of Maharashtra", National book Trust India, Nova Deli, página nº. 32.

13.   Framji, K. K., (1976), 'Irrigation and Salinity, A World Wide Survey', Comissão Internacional de Irrigação e Drenagem, Nova Deli 21, página 1-59,

14.   Gujar, R.K., (1987), 'Irrigation for Agricultural Modernization Scientific Publisher, Jodhapur, página 105.

15.   Jadhav, M.G., (1984), 'Sugarcane Cultivation - A Regional Survey', Himalaya Publishing House, Bombay.

16Joshi   , P. K., (1987), "Effect of Surface Irrigation on Land Degradation Problems and Strategies", Indian Journal of Agricultural Economics, Vol. XIII, No. 3, page. 416-423

17.   Kanwar, J. S., (1972), 'Cropping Pattern Scope and Concept', Proceeding of the Symposium on Cropping Pattern in India, ICAR New Delhi, página 11-38

18.   Kulkarni, D.G., (1970), "River Basins of Maharashtra Problems of Irrigated Agriculture", Orient Longman, Pune.

19.   Majid, Husain, (1982), "Crop Combination in India", Concept Publishing Company, Nova Deli, página 30 -31.

20   . Mandal, R. B., (1982), 'Land Utilization Theory and Practice', Concept Publishing Company, H.B.Bali Nagar, Nova Deli.

21   ) Memoria , C. B., (1971),' Agricultural Problems Of India',   Kitab Mahal Pvt. Ltd. Allahabad, página 107-108,

22.   Memoria , C. B., (1975),' Geography of India', Shivalal Agrawal and Company Education Publicaiton Agra -3, página 222-259

23.   Mohammad Shafi, (1984), "Agricultural Productivity and Regional Imbalances", Concept Publishing Company, Bali Nager, Nova Deli.

24.   Morgan, W.B., Muton, R.J.C., (1971), "Agricultural Geography", Publicado por Metheun and co. Ltd, 11 New Felter Lane, Londres.

25More   K.S., Shinde, S   .D., (1978), 'Population Pressure On Agricultural Land use In South Maharashtra (Kolhapur District)', A Geographic Analysis Journal of Shivaji University (science) Vol. 18, page 131- `35

26.   More, K. S., Mustfa, F.R., (1984), "Irrigation Requirement And Development in Maharashtra', Transactions Of Institute of Indian Geography, Vol. 6, No. 2, Page 73-78.

27.   Pawar, C.T., Shinde, S.D., (1979), 'Well Irrigation in Upland District of South Maharashtra Region-A Spatio Temporal Persepective', A Geographical Review of India, Vol.41 ,4 , page 314- 320.

28.   Pawar, C.T., (1985), "Regional Disparities In Irrigation Development - A Case Study of Maharashtra", projeto de investigação não concluído, apresentado à Universidade Shivaji de Kolhapur, página 19-26

29.   Pawar, C. T., (1989), "Impact of Irrigation - A regional Perspective", Himalaya Publishing House, Bombaim, página 5- 96

30.   Pawar, C.T., Shinde, S.D., (1986), "Irirgation In Maharashtra -A Spatio Temporal Perspective, The National Geographical Journal Of India, Vol. 32, June 86, Page 105-110.

31.   Patil, P. B., (1988), 'Agricultural Land Use and Land Degradation in the Panchaganga Basin-A Geographical Appraisal', Tese de Doutoramento não publicada, Universidade Shivaji, Kolhapur. Página 123- 125.

32.   Priher, S.S. , Sandhu, B.S., (1987),   "Irrigation Of Field Crops - Principles And Practices", Conselho Indiano de Investigação Agrícola, Krushi Anusthan Bhavan - Nova Deli, página 58.

33.   Reddy, K.V., Reddy, K.S., (1976), "Agricultural Efficiency In Andha Pradesh", The Decan Geographer ,Vol. XVI , 2 , Page 157-162.

34.   Shinde, Jadhav, Pawar, (1978), "Agricultural Productivity In Maharashtra Plateau- A Geographical Analysis", National Geogarpher, Vol. XIII, No. 1 page 35-41.

35.   Shinde ,S.D., (1980), "   Agriculture In An Underdeveloped Region-. A Geographical Survey", Himalaya Publishing House, Bombaim, páginas 25- 45.

36.   Singh, J. , (1976), 'Agricultural Geography of Harayana', Vishal Publication, University Campus, Kurukshetra Universtiy, Page. 131-309.

37.   Singh, J., Dhillon ,S.S., (1984), "Agricultual Geography", Tata McGraw Hill Publishing Company Lltd., New Delhi, Page 235 - 238.

38.   Vijay Kumar, Mohindar Lal, (1985), "Development Of Irrigation in Haryana Limitations and Prospects - A Review", Transaction Institute Of Indian Geographer, Vol. 2, julho, pp. 177-184.

Capítulo IV

Conclusões

Introdução:

No presente estudo, foi feita uma tentativa de examinar a relação entre os padrões de irrigação no distrito de Solapur. A análise precedente apresenta as seguintes conclusões

1. A região está dividida em três grandes divisões de relevo, nas quais a percentagem de planalto é relativamente elevada e a de colinas e Ghats é relativamente menor.

2. O rio Bhima é um dos principais rios, que drena 60 % da área da região, seguido pelos rios Man, Sina e Nira. Estes rios são a principal fonte de água de superfície. Os vales dos rios da região têm um solo negro típico.

3. Climaticamente, a região varia espacial e temporalmente. A temperatura no distrito mantém-se suficientemente elevada e propícia ao crescimento das culturas de frutos tropicais e das culturas de base. Excluindo o período de meados de fevereiro até ao final de maio, a temperatura diurna é de 25°c - 27°c, o que é favorável às culturas de uva e romã.

4. A região recebe chuvas da monção do sudoeste e apresenta diferenças espaciais acentuadas de oeste para leste. A variabilidade da precipitação é mais elevada na parte oriental do que na parte ocidental da região. A precipitação média é de 500 mm a 600 mm e cai de forma incerta e descontínua durante os meses de junho a outubro.

5. A precipitação média da região é de 585 mm. Toda a região de estudo depende, para as suas necessidades de água, da monção do sudoeste, que é irregular tanto no espaço como no tempo.

6. A maior parte da área do distrito de Solapur é coberta por solo raso. Uma área muito reduzida (22,96 %) do distrito é coberta por solos profundos, nas imediações do rio Bhima e dos seus afluentes. Existe uma relação muito estreita entre o solo e o desenvolvimento da agricultura no distrito de Solapur.

7. A população do distrito de Solapur era de 3849000 em 2001. Durante o período de estudo, o crescimento mais elevado da população registou-se em North Solapur e Pandharpur tehsil, enquanto que em Mangalwedha tehsil o crescimento da população foi mais baixo.

8. A densidade populacional da região é de 272 pessoas por quilómetro em 2001. A densidade populacional mais elevada regista-se em North Solapur (1287 pessoas), Pandharpur (309 pessoas) e Malshiras tahsil (978 pessoas). A baixa

densidade populacional regista-se nos tehsils de Karamala (145 pessoas) e Mangalwedha (149 pessoas).

9. O quadro 2.11 mostra a evolução dos utensílios agrícolas no distrito de Solapur. Durante o período de estudo, o arado de madeira (2737), o arado de ferro (2709), as bombas eléctricas (51448), o esmagador de cana-de-açúcar (467) e os tractores (3514) aumentaram e as carroças (13487) e os motores a óleo (4672) diminuíram.

10. O distrito de Solapur está situado numa zona propensa à seca. Por conseguinte, a irrigação é essencial para o desenvolvimento da agricultura e para um melhor rendimento. Os sete tehsils (Karamala, Madha, Mohol, Pandharpur, Malshiras e South Solapur) da região de estudo têm grande necessidade de irrigação. A necessidade moderada de irrigação é observada nos tehsil de Sangola, Mangalwedha, Barshi e Akkalkot e a mais baixa no tehsil de North Solapur.

11. No distrito de Solapur, a área irrigada aumentou 145974 hectares (15,71% das terras agrícolas) durante o período de 1971 a 2005. A maior área irrigada em relação às terras agrícolas encontra-se em Sangola tahsil (48,52 em relação às terras agrícolas) e a menor em Mohol tehsil (17,32% em relação às terras agrícolas).

12. Depois de 1971, a irrigação tem sido continuamente aumentada. Em 1971, a superfície irrigada era de 53300 hectares (8,48%), tendo aumentado em 2005, ou seja, 60500 hectares (8,98%). A maior área irrigada aumentou 7800 hectares em Malshiras taluka em 2005 e a menor área irrigada aumentou em Mohol tahsil (3200 hectares).

13. A área irrigada da cultura de Bajara era de 6500 hectares (4,88%), tendo diminuído em 2005, ou seja, 3600 hectares (14,49%). A área irrigada da cultura do milho era de 6200 hectares (56,88%) em 1971, mas era de 8600 hectares (31,87%) em 2005. A área sob irrigação da cultura do trigo era de 15400 hectares em 1971, tendo-se tornado em 36100 hectares em 2005.

14. A superfície total irrigada com culturas de gramíneas era de 3300 hectares em 1971 e de 10200 hectares em 2005.

15. A cana-de-açúcar ocupa normalmente a terra durante cerca de 10 a 18 meses e, por conseguinte, necessita de irrigação adequada para realizar os seus potenciais rendimentos. A área irrigada com cana-de-açúcar era de 139 hectares em 1971 e de 49300 hectares em 2005. A maior área irrigada com

cana-de-açúcar foi observada em 8700 hectares em Akkalkot tehsil e a menor em 1800 hectares em North Solapur no ano de 2005.

16. As culturas frutícolas como a uva, a romã. No distrito de Solapur, cultivam-se manga, baga, anona, limão, etc. A área total irrigada com culturas frutícolas é de 7100 hectare em 1971, sendo de 38800 hectare em 2005. A maior área irrigada com culturas frutícolas é de 6300 hectares em Malshiras tahsil em 2005 e a menor é de 1300 hectares em South Solapur tehsil.

17. A superfície total irrigada com a cultura do amendoim era de 5500 hectare em 1971, sendo de 3600 hectare em 2005. A maior área irrigada com amendoim é de 700 hectares no tehsil de Barshi em 2005 e a menor nos tehsil de North Solapur, Mohol, Mangalwedha e Akkalkot. A superfície total irrigada com a cultura do cártamo é de 7800 hectares em 1971, sendo de 10400 hectares em 2005. A maior área irrigada com a cultura do cártamo é de 2600 hectares no tehsil de Barshi em 2005 e a menor no tehsil de Pandharpur, Malshiras e Sangola.

18. A irrigação por poços é uma fonte tradicional de irrigação para a agricultura desde há muito tempo no distrito de Solapur. Em 1970-71, existiam 86272 poços de irrigação no distrito, após 35 anos 68550 poços irrigados. O número de poços de irrigação diminuiu devido ao esgotamento das águas subterrâneas, pelo que muitos poços secaram. O maior número de poços foi utilizado para irrigação no tehsil de Pandharpur (12220 poços) e o menor no tehsil de Mohol (3820 poços).

19. Os poços tubulares são outra importante fonte de irrigação no distrito. O maior número de poços tubulares foi encontrado em Pandharpur, Malshiras, Mohol e Mangalwedha (acima de 1300). Em Sangola, Madha, Karamala tahsil, os poços tubulares encontram-se entre 1000 e 1300. Por outro lado, Barshi, North Solapur e South Solapur têm 390 a 943 poços tubulares.

20. A água de superfície é fornecida pelos rios ou pela água parada de tanques, lagos e reservatórios artificiais. O quadro mostra que, em 1971, a irrigação com águas de superfície no distrito de Solapur era de 12100 hectolitros, tendo aumentado para 65400 hectolitros em 2005. Em 2005, a irrigação de superfície mais elevada foi observada no tehsil de Pandharpur e a mais baixa no tehsil de Mangalwedha.

21. Existem três grandes projectos de irrigação no distrito de Solapur. A barragem de Ujani no rio Bhima é a principal fonte de irrigação no distrito. Os fornecimentos de irrigação beneficiam 500 km2 (190 sq. mi) de terras agrícolas, particularmente no distrito de Solapur. O canal da margem direita de Nira é outra grande fonte de irrigação no distrito. Este sistema de canais fornece atualmente instalações de irrigação ao taluka de Malshiras e irriga cerca de 50 000 acres no distrito. Sina-Kolegaon é um novo grande projeto de irrigação iniciado durante o Quinto Plano. Prevê a construção de uma barragem de terra no rio Sina, perto da aldeia de Nimgaon em Karamala taluka. O projeto beneficiou os tahsils de Karamala, Barshi e Mohol no distrito de Solapur.

22. Apenas quatro projectos de irrigação média (Ekrukh, Hingani, Budhyal e Ashti) estavam disponíveis para irrigação no distrito de Solapur em 1971 e a área total irrigada era de 4889 hectares. Após 35 anos, os nove projectos de irrigação média estão disponíveis para irrigação no distrito de Solapur. A área total irrigada era de 33597 hectares em 2005.

23. Os projectos de irrigação menores são 109 no distrito de Solapur e irrigaram uma área de 52221 hectares em 2005. Os projectos de irrigação menor são mais numerosos (18 projectos) no tehsil de Barshi, mas a área irrigada é elevada (15224 hectares) no tehsil de Madha. Durante o período de estudo, a área de irrigação menor aumentou em todos os tehsils do distrito. A área mais elevada (14793 hectares) aumentou e a mais baixa (1450 hectares) no tehsil de Pandharpur.

24. Os tanques de percolação são muito úteis para a irrigação em áreas propensas à seca. Mais de 1140 tanques de percolação foram registados na região de estudo em 2005. Os tanques mais elevados foram registados no tehsil de Mohol (331 tanques), seguido de Sangola (117 tanques) e Barshi (113 tanques). O menor número de tanques de percolação foi registado no tehsil de Pandharpur (36 tanques).

25. A construção de um açude de nível local do tipo Kolhapur foi introduzida na região de estudo no ano de 1989. O potencial de irrigação deste açude do tipo Kolhapur é de 50 a 100 hectares, o que ajuda a aumentar o lençol freático subterrâneo da região. Foram observadas 139 K.T.W. na região de estudo, a maior parte das K.T.W. são observadas nos tehsils de Barshi, Malshiras,

Akkalkot, Sangola e Pandharpur. Os restantes tehsil têm um baixo número de K.T.W. no distrito de Solapur.

26. O esquema de irrigação por elevação consiste em elevar a água de um nível inferior para um nível superior com a ajuda de bombas e outros equipamentos. Existem sete esquemas de irrigação por elevação no distrito. A área irrigada por elevação é de 113218 hectares em 2005 no distrito de Solapur.

Sugestões:

Tendo em conta os resultados acima referidos, podem ser feitas algumas sugestões úteis para melhorar a agricultura de regadio e a agricultura, que são as seguintes

1. O distrito de Solapur está situado numa zona propensa à seca. A escassez de água é um problema grave para a agricultura. O agricultor deve utilizar as técnicas de cobertura vegetal para maximizar a utilização da água disponível.

2. O sistema de irrigação por gotejamento é muito útil para obter um bom rendimento durante o período de escassez de água. Atualmente, a irrigação por poços e furos é a fonte mais comum de irrigação. Para reforçar estas fontes, os programas de desenvolvimento de bacias hidrográficas têm de ser implementados em grande escala.

3. Os agricultores podem utilizar os métodos tradicionais de irrigação, como os métodos de inundação, que podem desperdiçar água em grande escala. Por isso, é necessário utilizar métodos de irrigação que economizem água, como gotejamento, aspersão, etc.

4. O excedente de água dos rios Bhima e Krishna deve ser desviado para a zona do distrito de Solapur propensa à seca. Podem ser armazenadas em pequenos tanques ou projectos menores, o que é mais benéfico para a recarga das águas subterrâneas.

5. Os agricultores utilizam água em excesso na área irrigada por canal, sendo necessário sensibilizar os agricultores para optimizarem a utilização da água e os problemas devem ser controlados até certo ponto.

ÍNDICE DE CONTEÚDOS

Introdução 3

Perfil da zona de estudo 15

Padrão de irrigação 52

Conclusões 103

yes

I want morebooks!

Buy your books fast and straightforward online - at one of world's fastest growing online book stores! Environmentally sound due to Print-on-Demand technologies.

Buy your books online at
www.morebooks.shop

Compre os seus livros mais rápido e diretamente na internet, em uma das livrarias on-line com o maior crescimento no mundo! Produção que protege o meio ambiente através das tecnologias de impressão sob demanda.

Compre os seus livros on-line em
www.morebooks.shop

info@omniscriptum.com
www.omniscriptum.com

Printed by Books on Demand GmbH, Norderstedt / Germany